河北科技大学学术出版基金资助

高压电力电缆
载流量数值计算

梁永春　著

国防工业出版社

·北京·

内 容 简 介

高压电力电缆载流量是电缆运行中受到环境条件、敷设方式等多种因素影响的重要动态运行参数,是保证电力电缆在寿命周期内安全、可靠、稳定运行的重要保障。本书分两部分介绍有关电缆载流量的计算方法。

第一部分简单介绍目前常用的 IEC-60287 计算标准,给出载流量的解析计算公式,损耗因数的计算方法,热阻的计算方法。

第二部分详细介绍了利用有限元法计算电力电缆焦耳损耗、温度场分布的过程,利用迭代法实现电磁场和温度场的耦合计算过程,利用迭代法实现载流量的计算过程,以及基于环境因素监测和有限元温度场计算的实时载流量预测方法。

在稳态温度场和载流量计算的基础上,本书介绍了利用有限差分和有限元相结合的方法,计算暂态温度场和载流量的计算过程。

图书在版编目(CIP)数据

高压电力电缆载流量数值计算/梁永春著.—北京:国防工业出版社,2012.1
ISBN 978-7-118-07851-0

Ⅰ.①高… Ⅱ.①梁… Ⅲ.①高压电缆-载流量-数值计算 Ⅳ.①TM247

中国版本图书馆 CIP 数据核字(2011)第 275655 号

※

国防工业出版社 出版发行

(北京市海淀区紫竹院南路 23 号 邮政编码 100048)
北京奥鑫印刷厂印刷
新华书店经售

*

开本 787×1092 1/16 印张 13¼ 字数 304 千字
2012 年 1 月第 1 版第 1 次印刷 印数 1—4000 册 定价 28.00 元

(本书如有印装错误,我社负责调换)

国防书店:(010)88540777   发行邮购:(010)88540776
发行传真:(010)88540755   发行业务:(010)88540717

前　言

随着绝缘材料的快速发展和城市化进程的加快,城市输配电线路逐步由架空敷设转向地下电力电缆敷设。地下电力电缆与架空敷设相比,可以节省空中走廊,减少输配电线路对城市市容的影响,但也带来了不易维护和散热条件恶化的问题。这就要求电力部门合理、准确地确定电力电缆的负荷,在电缆使用寿命期间,保证电缆的安全、可靠、稳定运行。

由于地下电力电缆敷设环境复杂,如何准确确定电力电缆的负荷,尽量提高电力电缆的利用率一直是电力部门密切关注的一个问题。为此,国际电工委员会(IEC)于1982年根据国际大电网会议(CIGRE)233号报告提出了电缆额定载流量(100%负荷因数)计算标准IEC-60287,以后逐年进行了修正补充。IEC-60287是目前国内外电力部门计算高压电力电缆载流量的主要依据。

IEC-60287是建立在Kennely假设的基础上将三维电缆敷设的模型简化为一维模型,然后进行温度场和载流量的解析计算。随着地下电缆敷设逐步向密集化方向发展,以及地下电缆周围复杂的环境条件,造成了IEC-60287在很多场合下的局限性。例如,多个回路、多种电压等级的电缆密集敷设于一个狭小的断面时,IEC-60287没有给出准确的焦耳损耗的计算公式;对于排管敷设、沟槽敷设、隧道敷设等敷设方式,在电缆外表面和外围土壤或排管内表面之间存在空气层,当电缆通以负荷电流时,空气层内存在热传动、热对流和热辐射等多种导热方式的耦合,断面内存在固体导热和流体导热的流固耦合传热问题。这些问题在IEC-60287中均以经验公式的方式给出,而对于密集电缆群也没有给出现成的计算公式。电力部门的多次试验证明了IEC-60287在载流量计算中是保守的。

有限元等数值计算方法适用于复杂的边界条件,能够模拟真实的边界条件,解决多重介质的温度场计算问题,实现流固耦合的温度场计算、多种导热方式耦合的温度场计算、多个场的耦合计算,各个环节易于标准化,可形成通用的计算程序,具有较高的计算精度,逐渐成为地下电力电缆温度场和载流量计算的重要手段。

本书从介绍IEC-60287入手,在此基础上详细介绍了有限元法在地下电力电缆群温度场和载流量计算中的使用方法,具体内容如下:

(0)绪论。主要介绍什么是电力电缆的载流量,当前电力电缆载流量计算中存在的问题等。

（1）高压电力电缆结构和安装方式。介绍常用单芯、三芯交联聚乙烯电力电缆的结构。

（2）IEC－60287简介。给出 IEC－60287 载流量计算公式及各个参数的计算方法。

（3）高压电力电缆焦耳损耗计算。给出交联聚乙烯电力电缆缆芯导体、金属套、铠装层等金属部件内损耗的数值计算过程，以及利用 Bessel 函数和电路模型计算损耗和环流的方法。

（4）土壤直埋高压电力电缆温度场数值计算。给出土壤直埋电力电缆的温度场计算模型，边界的确定方法，有限元方程，求解过程，并给出影响因素分析。

（5）排管、隧道和构成敷设高压电力电缆群温度场数值计算。给出计算模型、边界条件、流场的计算方法、流固耦合计算方法和影响因素分析。

（6）模拟热荷法计算地下电缆温度场。给出土壤直埋模拟热荷的选取、约束方程及求解方法。

（7）载流量数值计算及影响因素分析。给出了热电偶、等负荷和不等负荷载流量计算方法，分析了四种敷设方式下电力电缆载流量的影响因素。

（8）基于温度在线监测的实时载流量计算方法。通过对环境参数的在线监测，与有限元计算方法相结合，给出实时载流量的预测方法。

（9）电力电缆温度场和载流量计算软件。简要介绍了作者编写的地下电力电缆群温度场和载流量计算软件。

本书的研究内容是在西安交通大学李彦明教授的指导下完成的，并得到了孟凡风硕士、柴进爱硕士的帮助，张静南硕士生做了部分书稿的整理工作，在此一并表示感谢。

愿本书对于我国高压电力电缆载流量的数值计算、提高载流量计算的精度以及载流量计算的软件化起到促进作用。

作者水平有限，错误难免，敬请读者多多指教。

作 者

目　录

第0章 绪 论

0.1 载流量的定义

高压电力传送主要有两种传输方式：地下电力电缆和架空线路。过去，国内主要采用架空线路，而最近二十年来，由于城市建设速度加快，城市建设与电力建设的矛盾也日益加剧，特别表现在输电线路走廊与城市建设规划的配合方面。城市建设会影响到电网的建设和运行，而电网建设又会影响城市的容貌。

为了解决城市建设与电力建设的矛盾，现在电力电缆的敷设方式逐步由架空敷设转向地下敷设，且越来越趋向于密集敷设。地下电力电缆与架空线路相比，虽然具有成本高、投资大，尤其是维修不方便的缺点，但其具有运行可靠、不易受外界影响、不需架设电杆、不占地面等优点，特别是在有腐蚀性气体和易燃、易爆场所，不宜架设架空线路时，只能敷设地下电力电缆。

地下电力电缆的敷设方式主要有土壤直埋、排管、沟槽和隧道等四种方式，在排管、沟槽和隧道敷设方式下，电力电缆往往是多个回路电力电缆密集敷设在一起。密集敷设使得多个电力电缆回路间的电磁耦合和热相互作用更加强烈，电力电缆温度场和载流量计算变得更加困难。如果载流量偏大，造成线芯工作温度超过容许值，绝缘寿命就会比预期缩短。表 0-1 给出了两种绝缘电力电缆使用寿命与载流量的关系[1-3]。

表 0-1 电力电缆载流量偏大对使用寿命的影响

电力电缆绝缘类型	聚氯乙烯(PVC)		交联聚乙烯(XLPE)	
载流量偏大值/%	12	18	6.5	12
超过容许工作温度值/%	5.5	9	8	15
电力电缆寿命减少程度	减半	减为 1/4	减半	减为 1/4

同时，当电力电缆长期过负荷时，会导致绝缘层加速老化，当绝缘介质严重受损时，就会使电力电缆单相或相间形成短路，甚至引发火灾。

美国对 1965 年－1975 年间发生的 3282 次火灾事故的分析，电线电力电缆火灾事故占 30.5%，直接经济损失达 4000 万美元。日本曾向钢铁、石油化工、造纸等工厂企业调查，有 78%的单位发生过电力电缆着火，其中危险程度大的事故占 40%。我国在 1972年－1982 年间，发电厂、变电站、供电隧道中，因电力电缆着火延燃造成的火灾在 60次以上，直接经济损失达数千万元，间接经济损失约 50 亿元。统计表明，外界火源引起的电力电缆火灾占总数的 75.8%，电力电缆绝缘损坏引起的电力电缆火灾占总数的24.2%。虽然因电力电缆自身原因引起的火灾所占比例较小，但电力电缆常以电力电缆隧道(沟)、电力电缆夹层、竖井等方式敷设，而电力电缆隧道多为地下建筑，初始火灾不易被发现，因此，在电力电缆隧道里电力电缆内部原因引起的火灾更具危险性[4-6]。

因此，IEC(国际电工委员会)对电力电缆载流量有严格的定义，即电力电缆载流量应满足：在该电流作用下，电力电缆线芯的工作温度不超过电力电缆绝缘耐热寿命容许的温度值，且符合导体连接可靠性的要求。通常，电力电缆寿命期望值约30年，由此可以确定不同绝缘类型电力电缆的容许持续工作最高温度，以XLPE(交联聚乙烯)电力电缆为例，长期容许持续工作最高温度为90℃。

受限于电力电缆复杂的散热环境，以及线路走廊随空间和时间多变的影响因素，电力电缆的载流量往往难以准确评估。如果评估载流量较小，线芯铜材和铝材将得不到充分利用，导致线路投资的加大和不必要的浪费。表0-2给出了载流量降低对电力电缆投资的影响。

表0-2　电力电缆截面按载流量较小的值选择时对投资的影响

电压和绝缘类型	1kV 聚氯乙烯(PVC)	6kV 交联聚乙烯(XLPE)
载流量偏低程度/%	17	12.6
电力电缆投资增大程度/%	24.5	17.2

0.2　载流量影响因素

影响电力电缆的温度场和载流量的因素比较多，例如电力电缆结构、敷设方式、排列方式、接地方式以及环境条件等。

三芯电力电缆多用于35kV以下电力电缆，受结构限制，载流量一般都偏小。单芯电力电缆多用于110kV以上电力电缆，有"一"字形和三角形排列两种方式，载流量较大。综合考虑电力电缆的结构形式、敷设方式、排列方式和接地方式及环境条件，影响电力电缆的温度场和载流量的发热和散热条件如图0-1所示。

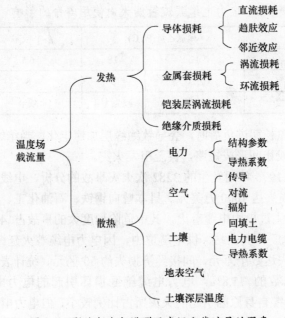

图0-1　影响电力电缆群温度场和载流量的因素

2

电力电缆的热源主要包括缆芯导体损耗、金属套损耗、铠装层损耗和绝缘层介质损耗。缆芯导体损耗包括直流损耗和由交变电流引起的涡流损耗，涡流损耗也可以用邻近效应和趋肤效应表示。金属套内的损耗与其接地方式密切相关，当电力电缆金属单端接地时，金属套内只有涡流损耗，且损耗较小；当电力电缆金属套双端接地时，金属套内受缆芯交变电流的影响产生环流，有时环流损耗甚至大于缆芯导体损耗，即双端接地时的金属套损耗包括环流损耗和涡流损耗；当电力电缆金属套采用互连交叉接地时，整个线路金属套的感应电势之和近似为 0，可以按单端接地只考虑涡流损耗。铠装层损耗主要是涡流损耗。介质损耗是指由交变电压作用在绝缘层上的交变充电电流引起的损耗。

电力电缆群的散热与散热方式、散热路径中的各媒质的属性及边界条件有关。对于土壤直埋电力电缆群，散热路径包括电力电缆本体、土壤两种媒质，边界条件为地表空气温度，散热方式主要有固体热传导和地表的热对流；对于排管和沟槽敷设方式，散热路径包括电力电缆本体、电力电缆外表面和管道内表面间空气和土壤等媒质，边界条件为地表空气温度，散热方式主要包括固体热传导、空气的热对流和热辐射、地表的热对流；对于隧道敷设方式，散热路径包括电力电缆本体、电力电缆外表面和隧道内表面间空气和土壤等媒质，主要散热方式有固体热传导、空气的热对流和热辐射。

电力电缆群的温度场和载流量计算不仅与电力电缆的敷设方式、排列方式、接地方式及电力电缆结构相关，而且受到地表空气、土壤深层温度、外部热源和水分迁移的影响，是一个涉及热—电磁耦合，三种传热方式共轭存在的复杂条件下的计算过程。

0.3　载流量计算方法综述

目前，电力电缆载流量的确定有解析计算、数值计算和试验等三种方法。

解析计算主要是基于 IEC-60287(国内相对应的标准是 JB/T 10181—2000)和 N-M 理论，适用于简单电力电缆系统和边界条件，具有载流量直接计算的优点。数值计算主要有有限差分法和有限元法，可以模拟实际的边界条件，适用于比较复杂的电力电缆系统，但载流量的计算需要迭代完成。根据实际敷设情况，载流量也可以通过试验确定，但试验费用偏高，且不具有通用性。随着隧道、排管等敷设方式的普及，电力电缆线路越来越趋向于密集敷设，边界条件越来越复杂，数值计算与试验方法相结合，开始大量应用于电力电缆线路的温度场和载流量计算中。

地下电力电缆温度场和载流量的计算是由 A.E.Kennely 于 1893 年提出的。J.H.Neher 和 M.H.Mcgrath 在 20 世纪 50—60 年代对这个理论进行了发展和完善[7-9]。目前，国际上通用的计算电力电缆载流量的方法主要是依据 IEC-60287(稳态额定载流量)、IEC-60853(暂态载流量)和 N-M 理论，这些方法都是建立在 Kennely 假设(地面是等温面、电力电缆表面是等温面、叠加原理适用)的基础上将三维电力电缆敷设的模型简化为一维热路模型，然后进行温度场和载流量计算[10-14]。根据 IEC 标准，国内外研究人员编制了相应的载流量计算软件[15-19]。

N-M 理论、IEC-60287 和 IEC-60853 都是建立在解析和经验的基础上，而实际敷设情况是千变万化的，这就造成了 N-M 理论、IEC-60287 和 IEC-60853 在很多场合下的局限性。如：

(1) IEC-60287 仅给出了单回路电力电缆的趋肤效应和邻近效应计算公式，而实际常常多个回路电力电缆以集群方式敷设在一起，回路间的电磁耦合更加强烈，对电力电缆导体和金属套的交流电阻及涡流损耗和环流损耗的影响等都不能忽略。

(2) 标准是在给定电力电缆导体和金属套温度的基础上确定两者的电阻率，然后计算损耗，而实际中不同位置电力电缆的导体和金属套温度往往不同(如图 0-2 所示三相"一"字形排列单芯电力电缆温度场分布[20])，导致电阻率不同、损耗不同，反过来又造成电力电缆的导体和金属套温度的不同，即温度场计算实际上是一个电磁场和热场的耦合计算问题。

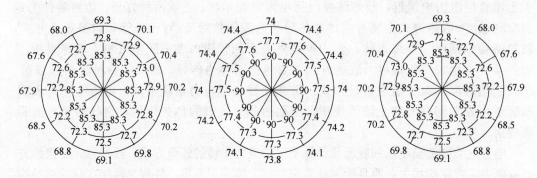

图 0-2 电力电缆温度示意图

(3) 标准中给定的绝缘介质损耗计算是建立在固定的相对介电系数和损耗因数值的基础上的。由于不同电力电缆温度不同，即最热电力电缆导体温度可能达到 90℃，而其他电力电缆温度低于绝缘耐受温度，不同电力电缆绝缘的相对介电系数和损耗因数值是不同的，绝缘介质损耗应采用耦合的方法计算[21,22]。

(4) 标准中对电力电缆间热效应的相互影响是建立在 Kennely 假设的基础上，利用镜像法进行计算，而实际中地表不是等温面，电力电缆表面也不是等温面(如图 0-2 所示)；地下深层温度不随地表及电力电缆发热变化，保持在一个恒定的温度；电力电缆周围往往有回填土，并非敷设于单一介质中[23-27]。因此电力电缆集群方式敷设时电力电缆间热效应的相互影响不能简单地按半无限大平面场利用镜像法进行叠加计算。

(5) 对于水分迁移的影响，标准是以电力电缆外皮温度是否超过 50℃ 为分界线。当电力电缆外皮温度低于 50℃ 时，不考虑水分迁移的影响；当电力电缆外皮温度超过 50℃ 时，引入一个干燥和潮湿土壤的热阻系数比。而实际中土壤仅仅在电力电缆附近呈现干燥现象，热阻系数从电力电缆到远离电力电缆区域逐渐变化，是一个水分迁移和热场的耦合问题[28-30]。

(6) 对于排管敷设、隧道敷设、沟槽敷设等方式，标准中给定的空气层热阻是根据经验总结的计算公式，而实际中存在空气自然对流、热辐射和热传导三种导热方式的共轭，涉及到流体力学、传热学等相关知识，需要耦合求解动量方程、能量方程和连续性方程来计算，简单的经验公式往往存在较大的误差。

(7) 对于电力电缆附近有外部热源(如热力管道)或局部穿过不利于热扩散区域等敷设

4

情况下[31-33]，标准中没有给定相应的计算公式。

(8) 当前电力部门需要进行负荷动态调整，而这需要实时了解线路周围的相关环境参数和导体温度，并据此确定载流量。标准中给定方法对此无能为力。

综上所述，IEC-60287、IEC-60853 和 N-M 理论是建立在一定假设条件下，以解析计算的方法对比较简单的敷设和排列方式给出对工程实际具有指导意义的载流量。随着复杂条件下密集排列电力电缆群的出现，电力电缆间电磁和热的相互作用更加强烈，其损耗和散热计算往往和多种因素有关，而且相差较大，因而不能简单按标准给定方法进行分析。此外，电力部门对电力电缆载流量的要求越来越精确，这就需要研究更加有效的方法来分析密集电力电缆群的电磁场和温度场分布，给出比较精确的电力电缆载流量。

鉴于此，国内外进行了四个方面的研究：对标准采用的热路模型进行改进；进行载流量试验；采用数值计算方法；针对一些特殊问题进行专门研究[34-69]。但都没有给出一种系统的方法，完整地解决上述问题。

近二十年，随着计算机技术的飞速发展，数值计算在温度场计算中的应用越来越广泛，作用也越来越突出。目前，计算电力电缆温度场的数值计算方法主要有有限差分法、边界元法和有限元法等。

1. 有限差分法

在物理场数值分析的计算方法中，有限差分法(FDM)是应用最早的一种。直到今天，它仍以其简单、直观的特点而被广泛应用着。有限差分法以差分原理为基础，它实质上是将物理场连续场域的问题变换为离散系统问题求解，也就是通过网格状离散化模型上各离散点的数值解来逼近连续场域的真实解。在有限差分法中，在区域内根据位置来改变网格的步长是很费时的，而且在接近曲线边界时，边界就不可能与节点相一致，由此引起的误差不能忽视。因此，有限差分法很难表示复杂的边界条件，不易处理复杂问题。文献[20，47-49]采用有限差分法和坐标组合法相结合，计算了单一介质或多种介质的地下"一"字形排列电力电缆温度场分布和载流量。但对于三角形排列或多芯电力电缆，有限差分法仍然具有很大的局限性。

2. 边界元法

边界元法(BEM)与有限差分法相反，其所选择的函数满足区域内的支配方程，而后用这些函数去逼近边界条件。由于积分是在边界上进行的，采用此法可将三维问题化为二维问题、二维问题化为一维问题来处理，使其数值计算较为简单。此外，此法是直接建立在基本微分方程和边界条件基础上，不需要事先寻求任何泛函，适当变换后，还能解决随时间变化的物理场问题。文献[50]采用边界元法计算了地下电力电缆的温度场。但边界元法在求解边界近似解后，只能逐点计算内域点的近似解而得不到解析表达。同时，它所得到的代数方程组的系数矩阵不是稀疏矩阵，矩阵中所有元素都要用数值积分求出，增加了计算的时间。对于密集敷设电力电缆群，边界元法求解比较困难。

3. 有限元法

有限元法(FEM)在原理上是有限差分法和变分法中里兹法的结合。它对表示物理场的微分方程的变分问题作离散化处理，将场域划分为有限小的单元，并使复杂的边界分段属于不同的单元，然后将整个场域上泛函的积分式展开成各单元上泛函积分式的总和。其中每个单元的顶点就是未知函数的取样点，它类似于差分法中的节点。各单元内试验函数采用统一的函数形式(如多项式等)，其待定系数取决于本单元各顶点上的函数取样值。泛函极小值的条件是泛函对试验函数中各待定系数的偏导数等于零，据此列出差分近似的代数方程组，并直接计算节点函数值的数值解，再确定试验函数以表示各单元内函数的近似解。

有限元法的优点是适用于具有复杂边界形状或边界条件、含有复杂媒介的定解问题。此法不受场域边界形状的限制，且对第二类、第三类及不同媒介分界面的边界条件不必作单独处理。虽然其计算程序一般较繁杂，但各个环节易于标准化，可形成通用的计算程序，其结果有较好的计算精度。

综上所述，有限差分和边界元对于复杂排列方式下的电力电缆群和多芯电力电缆具有很大的局限性，而有限元可以处理复杂的边界条件，可以进行多场耦合计算，可以实现非线性场的计算，因此利用有限元分析密集电力电缆群的电磁场和温度场，进而计算载流量是一种有效的方法。

0.4　载流量计算中的多场耦合

在电力电缆温度场计算中，电力电缆温度场分布由电力电缆电磁损耗与环境条件决定，而电力电缆电磁损耗与介质磁导率和电阻率密切相关，电阻率和磁导率又与温度密切相关，因此电磁场计算和温度场计算是一个耦合的计算过程。

电力电缆的介质损耗与绝缘损耗因数密切相关，而绝缘损耗因数是温度的函数，因此介质损耗计算与温度场计算也是一个耦合的计算过程。

在排管、隧道和沟槽敷设方式下，电力电缆温度场计算包含传导、对流、辐射三种传热方式，需要对固体传热、辐射和自然对流三种传热方式进行耦合求解。

由此可见，电力电缆温度场计算包含上述三个耦合计算过程。在标准给定计算方法中，电磁场、介质损耗和载流量的计算是通过将导体温度设为 90℃，然后计算各部分损耗，从而确定载流量。由于电力电缆群不同缆芯导体温度的分散性和温度场计算中温度预测的难度，计算的准确性受到很大程度的影响。鉴于此，国外对电力电缆载流量计算中电磁场和温度场的耦合进行了一定的研究。文献[70]综合各种影响因素对温度预测模型进行了改进，精度有了一定程度的提高；文献[71-73]采用数值分析的方法，通过间接耦合实现了电磁场和温度场的耦合计算，具有较高的精度。

本书针对气体区域的流体动力学方程进行分析，给出一种通用的求解方法，实现气体区域的连续性方程、动量方程和能量方程的耦合求解，最终给出了电力电缆的温度场分布和载流量计算方法。

0.5　在线监测与实时载流量

近年来，光纤测温技术逐步在电力电缆领域得到应用。通过对电力电缆表面或金属套温度进行在线监测，并据此推算电力电缆的导体温度，为电力系统调度人员确定电力电缆的实时载流量和剩余负荷能力提供了重要依据。其基本原理是通过分散布置在电力电缆外护层层外或金属套内的温度传感器，对运行中的电力电缆的外护套外表面或金属套内表面的温度进行连续在线测量。利用测量得到的温度，结合由电力电缆的具体结构形式和材料的特性决定的电力电缆径向热传递特性，依据 IEC-60287 热路模型，反向推算出当前电力电缆导体的温度，然后根据导体的温度确定电力电缆的载流量[74-79]。

现有方法没有考虑电力电缆表面温度的分散性，推算所得的电力电缆导体温度可能与实际导体温度差别较大。本书根据电力电缆群温度场分布特性，给出了基于有限元的迭代计算模型，计算电力电缆导体温度，预测电力电缆的实时载流量。

第1章　高压电力电缆结构和安装方式

1.1　高压电力电缆的发展概况

高压电力电缆始于 1908 年，英国建设了一条 20 kV 的电力电缆网，随后德国、法国、美国等依次建设了 30 kV、66 kV 和 132 kV 的电力电缆网。20 世纪 70 年代以前，电力电缆网主要采用充油电力电缆，随后出现了充气电力电缆、塑料电力电缆、超导电力电缆等多种形式的电力电缆。

由于塑料电力电缆在安装和经济方面具有突出的优点，目前国内外工业部门在低压系统上基本已全部使用塑料电力电缆。因为聚氯乙烯(PVC)绝缘的介质损耗较大，且其导电离子随电场强度的增加而急剧上升，因此用于更高电压受到了限制。

随着塑料工业的发展，新的合成绝缘材料不断出现。聚乙烯与聚氯乙烯相比，交流击穿强度提高了 60%，其介质损耗则仅为聚氯乙烯的 1/200 左右，且聚乙烯的比重小，耐水和耐化学药品性能良好，适宜于大倾斜度或高落差的装置，安装敷设方便，接头和终端头结构简单，制造容易，维修方便，价格也较便宜。但是它的熔点太低，在机械应力作用下容易产生裂缝。

20 世纪 60 年代初期，发现了能够用高能辐照方法或化学方法对聚乙烯分子进行交联，使它的分子由原来的线型结构变成网状结构，即由热塑性变为热固性，从而提高了耐热性和热稳定性。这种经过交联后的聚乙烯称为交联聚乙烯(XLPE)。由于它具有优良的性能，因而适用于制造 6kV 以上较高电压等级的电力电缆。

交联聚乙烯热性能的主要特点是：软化点高、热变形小，在高温下机械强度大，抗热老化性能好。交联聚乙烯电力电缆的最高允许运行温度可达 90℃，而短路时的允许温度则高达 250℃，分别比聚乙烯电力电缆的高 20℃ 和 100℃，在同样的导体截面和敷设条件下，前者的载流能力比后者大得多。因此，交联聚乙烯电力电缆已经在 10kV、35 kV、110 kV、220 kV 等电压等级得到广泛使用。

1.2　交联聚乙烯电力电缆结构

交联聚乙烯电力电缆分为单芯和多芯两种结构，110 kV 和 220 kV 电压等级全部采用单芯电力电缆，10kV 和 35 kV 电压等级电力电缆常采用三芯电力电缆。

常见的单芯电力电缆结构如图 1-1 所示，多芯电力电缆结构如图 1-2 所示。

常用的电力电缆导体材料有铜和铝，虽然铝的价格大约是铜的一半，但铝的电阻率较大，流过相同负荷电流时，铝的截面积大约是铜的 1.5 倍，即铝芯电力电缆直径往往较大。因此现在铜芯电力电缆较多。

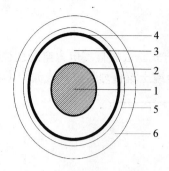
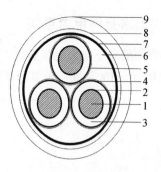

图 1-1　单芯交联聚乙烯电力电缆的结构　　　图 1-2　三芯交联聚乙烯电力电缆的结构

1—缆芯导体；2—半导体屏蔽层；3—交联聚乙烯绝缘；　1—缆芯导体；2—半导体屏蔽层；3—交联聚乙烯绝缘层；

4—半导体屏蔽层；5—金属屏蔽带；6—聚乙烯护套。　　4—半导体屏蔽层；5—金属屏蔽带；6—填料；

7—包带；8—铠装；9—聚乙烯护套。

　　电力电缆线芯导体的结构形式有圆绞线、紧压圆绞线、分割圆线、空心绞线等多种形式，其中紧压圆绞线最常用，其结构形式如图 1-3 所示。

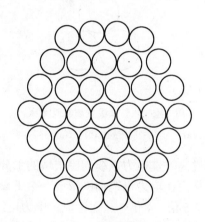

图 1-3　典型紧压圆绞线结构

　　绝缘层的目的是阻止缆芯导体与接地之间以及相邻缆芯导体间电荷的移动。绝缘层必须能够承受由工作电压和短时暂态电压产生的电场强度，而绝缘不失效引发短路故障。

　　金属屏蔽带通常由铝或铅构成，用来防止水分进入绝缘层。大电力电缆常采用铅作为金属屏蔽带，而铝护套通常采用皱纹状结构。出于安全考虑，金属屏蔽带最少在一点接地。铠装层和外护套主要用来保护电力电缆。铠装层由钢线或钢带构成，用来保护电力电缆免受外部机械力的破坏。外护套常采用聚乙烯材料。

1.3　电力电缆的安装方式

　　高压电力电缆主要有地下电力电缆和架空电力电缆两种敷设方式，其中地下电力电缆又分为土壤直埋、排管敷设、沟槽敷设和隧道敷设等几种主要方式。

1.3.1 土壤直埋电力电缆

最常用的地下电力电缆敷设方式是土壤直埋敷设方式。土壤直埋电力电缆往往埋于地表以下 0.7m～1m 之间，典型的单回路三相单芯电力电缆土壤直埋敷设方式如图 1-4 所示。

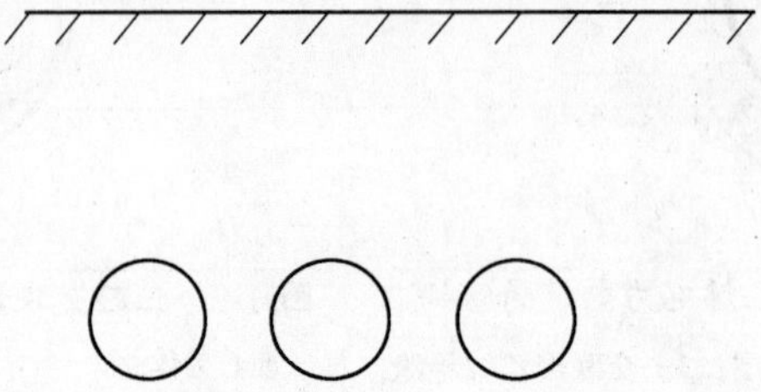

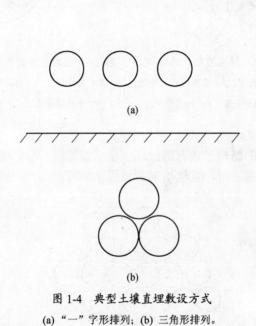

(a)

(b)

图 1-4 典型土壤直埋敷设方式

(a) "一"字形排列；(b) 三角形排列。

当电力电缆表面的温度过高时，电力电缆周围土壤的水分将在温度梯度的作用下向远离电力电缆的方向扩散，从而在电力电缆周围形成一个干燥土壤的区域，这部分区域土壤的热阻将是正常土壤的 2.5 倍～4 倍，从而造成了电力电缆载流量的下降。为了防止载流量下降过多，目前常在电力电缆周围回填沙土，干燥沙土的热阻为正常土壤的 2 倍左右，由此确定的载流量比干燥土壤要大。有回填土的土壤直埋单回路"一"字形排列电力电缆敷设方式如图 1-5 所示。

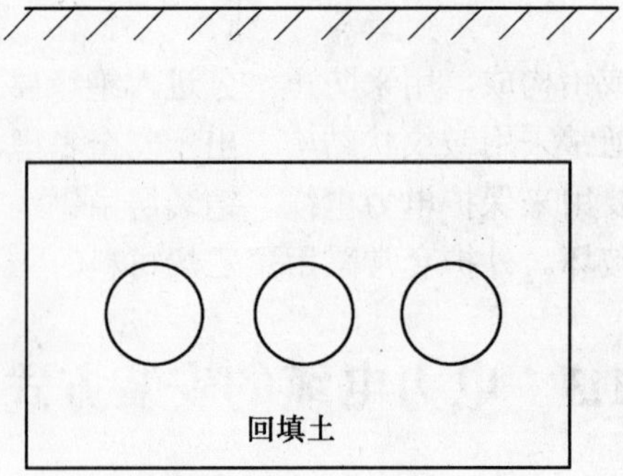

回填土

图 1-5 有回填土直埋电力电缆敷设方式

1.3.2 排管敷设电力电缆

土壤直埋电力电缆几乎是不可维护的，且易受到外力的破坏。因此，排管敷设方式已经逐步替代直埋方式成为城市配电电力电缆主要的敷设方式。

图 1-6 所示为敷设于水泥管道中的单回路电力电缆。

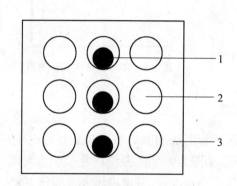

图 1-6　电力电缆敷设于地下水泥管中

1—电力电缆；2—孔位；3—水泥块。

图 1-7 所示为敷设于 PVC 管道中的单回路电力电缆。

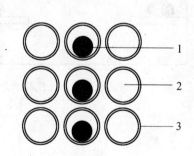

图 1-7　电力电缆敷设于地下 PVC 管中

1—电力电缆；2—孔位；3—PVC 管。

1.3.3 沟槽敷设方式

在建筑物附近或室内变电站内，为了便于走线和接线，常采用沟槽敷设方式，如图 1-8 所示。沟槽敷设方式往往多个回路电路、高压和低压电力电缆敷设在一起，高压电力电缆往往是多芯电力电缆。

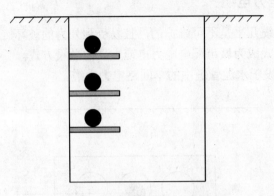

图 1-8 沟槽敷设方式示意图

1.3.4 隧道敷设方式

在城市繁华商业区，特别是 110kV 和 220kV 主输电线路，往往采用隧道敷设方式，向各个区域变电站供电，如图 1-9 所示。隧道往往位于地表以下 10m 左右。110kV 和 220kV 电力电缆往往采用三角形排列方式，隧道内还会有部分 10kV 多芯电力电缆和照明用小电力电缆。

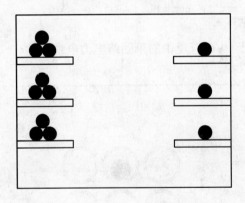

图 1-9 隧道敷设电力电缆群示意图

第 2 章 IEC60287 简介

2.1 额定载流量计算公式

电力电缆额定载流量的计算公式是国际电工委员会(IEC)根据国际大电网会议 (ICGRE)1964 年的报告与 1982 年所制定的电力电缆额定载流量(100%负荷因数)计算标准。随后对该标准经过20多年的修改和增补，形成了现在的 IEC-60287 标准。

电力电缆载流量计算公式是根据电力电缆稳态运行时所形成的热物理温度场微分方程的求解而得的。图 2-1 给出了由热物理微分方程简化得出单芯电力电缆和三芯电力电缆梯状热路图。

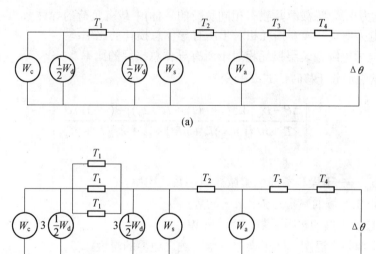

图 2-1 稳态额定载流量计算梯状热路图

(a) 单芯电力电缆梯状热路图；(b) 三芯电力电缆梯状热路图。

图中，

$W_c = I^2 R$ ——电力电缆导体单位长度损耗，W/m；

I——一根导体中流过的电流，即载流量，A；

R——最高工作温度下导体单位长度的交流电阻，Ω/m；

W_d——导体绝缘单位长度的介质损耗，W/m；

W_s——电力电缆金属套单位长度损耗，W/m；

W_a——电力电缆铠装层单位长度损耗，W/m；

T_1——一个导体和金属套之间单位长度热阻，K·m/W；

13

T_2——金属套和铠装之间内衬层单位长度热阻，K·m/W；

T_3——电力电缆外护层单位长度热阻，K·m/W；

T_4——电力电缆表面和周围介质之间单位长度热阻，K·m/W；

$\Delta\theta$——高于环境温度的导体温升，℃。

由图 2-1 所示的热路图可以推出计算载流量的公式。但电力电缆的载流量计算公式与交流系统还是直流系统以及敷设方式有关。此外，在空气中敷设时又有直接受阳光照射和不受阳光照射之分。土壤敷设时当电力电缆表面温度超过 50℃ 时，周围土壤发生水分迁移而引起土壤局部干燥，其载流量计算公式也不同。

这里主要介绍土壤直埋电力电缆额定载流量计算公式，排管、隧道等敷设方式均可由此公式计算。

土壤直埋不发生水分迁移时的载流量计算公式如下：

$$I = \left\{ \frac{\Delta\theta - W_d\left[0.5T_1 + n(T_2 + T_3 + T_4)\right]}{RT_1 + nR(1 + \lambda_1)T_2 + nR(1 + \lambda_1 + \lambda_2)(T_3 + T_4)} \right\}^{0.5} \tag{2-1}$$

式中，

n——电力电缆(等截面并载有相同负荷的导体)中载有负荷的导体数；

λ_1——电力电缆金属套损耗相对于所有导体总损耗的比率；

λ_2——电力电缆铠装层损耗相对于所有导体总损耗的比率。

当土壤发生水分迁移时，式(2-1)变为

$$I = \left\{ \frac{\Delta\theta - W_d\left[0.5T_1 + n(T_2 + T_3 + T_4)\right] + (v-1)\Delta\theta_x}{RT_1 + nR(1 + \lambda_1)T_2 + nR(1 + \lambda_1 + \lambda_2)(T_3 + vT_4)} \right\}^{0.5} \tag{2-2}$$

式中，

$v = \rho_d / \rho_w$——干燥和潮湿土壤域热阻系数之比率；

ρ_d——干燥土壤的热阻系数，K·m/W；

ρ_w——自然土壤的热阻系数，K·m/W；

θ_x——土壤临界温度，即干燥与潮湿土壤之边界的温度，℃；

θ_0——环境温度，℃；

$\Delta\theta_x$——土壤临界温升，即高于环境温度的干燥与潮湿土壤之边界的温升，K。

根据有关土壤方面的资料和一般经验列出土壤热阻系数取值范围参考值，具体如下：

(1) 自然土壤。指没有发生水分迁移的普通型土壤：

潮湿性土壤热阻系数取 $0.6 \leqslant \rho_w \leqslant 0.9$ K·m/W；

一般性土壤热阻系数取 $0.9 \leqslant \rho_w \leqslant 1.2$ K·m/W；

比较干燥的土壤热阻系数取 $1.2 \leqslant \rho_w \leqslant 1.5$ K·m/W。

(2) 干燥土壤。指发生水分迁移后土壤变干枯，含水率几乎处于零的土壤，根据土壤组份给出土壤热阻系数参考值：

一般性土壤热阻系数取 2.0 K·m/W；

沙质(或含砂砾)土壤热阻系数取 2.5 K·m/W；

粘性(或含有其他杂质)土壤热阻系数取 3.0 K·m/W。

2.2 导体交流电阻计算

导体最高工作温度下单位长度的交流电阻由下式给出：

$$R = R'(1 + Y_s + Y_p) \tag{2-3}$$

式中，

R'——为最高工作温度下导体的直流电阻，Ω/m；

Y_s——趋肤效应因数；

Y_p——邻近效应因数。

导体在最高工作温度下单位长度直流电阻由下式计算：

$$R' = R_0 \times [1 + \alpha_{20}(\theta - 20)] \tag{2-4}$$

式中，

R_0——20℃时导体的直流电阻，Ω/m；

α_{20}—— 每一绝对温度下20℃时材料温度系数；

θ ——导体最高工作温度(该值取决于所使用的绝缘材料类型)，见相应电线电力电缆国家标准，℃。

趋肤效应因数 Y_s 由下式计算：

$$Y_s = \frac{x_s^4}{192 + 0.8x_s^4} \tag{2-5}$$

式中，$x_s^2 = \dfrac{8\pi f}{R'} \times 10^{-7} k_s$；

f——电源频率，Hz；

k_s——与电力电缆缆芯导体结构相关的因数。

只要 x_s 不超过2.8，上述公式是准确的，因而适合于大多数实际情况。

对于扇形和椭圆形导体，在无其他替换公式时推荐上述公式。

邻近效应因数 Y_p 与电力电缆芯数和根数有关，对于二芯电力电缆或二根单芯电力电缆，邻近效应因数由下式给出：

$$Y_p = \frac{x_p^4}{192 + 0.8x_p^4}\left(\frac{d_c}{s}\right)^2 \times 2.9 \tag{2-6}$$

式中，

d_c——导体直径，mm；

s——各导体轴心之间距离，mm；

$x_p^2 = \dfrac{8\pi f}{R'} \times 10^{-7} k_p$；

k_p——与电力电缆缆芯导体结构相关的因数。

只要x_p不超过2.8，上述公式是准确的，因而适用于大多数实际情况。

对于三芯或三根单芯电力电缆的邻近效应因数由下式给出：

$$Y_p = \frac{x_p^4}{192 + 0.8x_p^4}\left(\frac{d_c}{s}\right)^2 \times \left[0.312\left(\frac{d_c}{s}\right)^2 + \frac{1.18}{\frac{x_p^4}{192 + 0.8x_p^4} + 0.27}\right] \tag{2-7}$$

式中各量含义与上相同。

对于平面排列，s为相邻相间距，在相邻相之间距不等的场合$s = \sqrt{s_1 \cdot s_2}$。

2.3 绝缘损耗(仅适用于交流电力电缆)

绝缘损耗与电压有关，每相中单位长度的绝缘损耗由下式给出：

$$W_d = \omega \cdot c \cdot U_0^2 \cdot \tan\delta \tag{2-8}$$

式中，

U_0——对地电压(相电压)，V；

$\tan\delta$——在电源系统和工作温度下绝缘损耗因数；

c——单位长度电力电缆电容，F/m。

圆形导体电容由下式给出：

$$c = \frac{\varepsilon}{18\ln\left(\frac{D_i}{d_c}\right)} \times 10^{-9} \tag{2-9}$$

式中，

ε——绝缘材料的介电常数；

D_i——绝缘层直径(屏蔽层除外)，mm；

d_c——导体直径(如有屏蔽层则包含屏蔽层)，mm。

椭圆形导体，如果用长轴和短轴直径的几何平均值取代D_i和d_c，则可使用相同的公式。

2.4 金属套和屏蔽的损耗(仅适用于交流电力电缆)

金属套和屏蔽中的功率损耗包括环流损耗λ_1'和涡流损耗λ_1''，因此总损耗为

$$\lambda_1 = \lambda_1' + \lambda_1'' \tag{2-10}$$

这一部分对于金属套或屏蔽损耗的计算公式是以金属套或屏蔽损耗与导体的总功

率损耗之比表示，对每个特定的情况应指出必须考虑的损耗类型。

(1) 单芯电力电缆公式仅适用于单回路并忽略了接地回路的影响。

(2) 对于光滑金属套和皱纹金属套分别给出计算公式。

(3) 对于构成三相线路的单芯电力电缆，其带电段的金属套两端互连接地的情况，只需要考虑由金属套中环流引起的损耗。带电段定义为电力电缆线路的一部分，其两端的所有电力电缆金属套或屏蔽均牢固互连后接地。

(4) 通常也允许线路中某些点之间增加间距。

(5) 对大截面分割导体的电力电缆，由于计及金属套中涡流损耗，则损耗因数应予增加。

(6) 对交叉互连，认为各小段电性完全相同且金属套中由环流引起的损耗可忽略是不符合实际的。

(7) 考虑金属套电阻所用铅和铝的电阻率和温度系数。

1. 两根单芯电力电缆或三根单芯电力电缆(三角形排列)带电段金属套两端互连

对于两根单芯电力电缆或三根单芯电力电缆(三角形排列)带电段金属套两端互连，损耗因数由下式给出：

$$\lambda_1' = \frac{R_s}{R} \frac{1}{1 + \left(\dfrac{R_s}{X}\right)^2} \tag{2-11}$$

式中，

R_s——在最高工作温度下电力电缆单位长度金属套或屏蔽的电阻，Ω/m；

X——电力电缆单位长度金属套或屏蔽的电抗，Ω/m。

X 由下式计算：

$$X = 2\omega 10^{-7} \ln\left(\frac{2s}{d}\right) \tag{2-12}$$

式中，

s——所考虑的带电段内各导体轴线之间的距离，mm；

d——金属套平均直径，mm。

对于椭圆形线芯，有

$$d = \sqrt{d_M \cdot d_m}$$

d_M——金属套的长轴直径，mm；

d_m——金属套的短轴直径，mm。

对于皱纹金属套，有

$$d = 0.5 \times (D_{oc} + D_{it})$$

D_{oc}——正好与皱纹金属套波峰相切的假定的同心圆柱体的直径，mm；

D_{it}——正好与皱纹金属套波谷内表面相切的假定的同心圆柱体的直径，mm。

$\lambda_1'' = 0$，即涡流损耗忽略不计。

2. 正常换位带电段金属套两端互连且平面排列的三根单芯电力电缆

对于平面排列的三根单芯电力电缆，中间一根电力电缆与两侧的电力电缆间距相等，电力电缆正常换位且在第三个换位点金属套互连时，损耗因数由下式给出：

$$\lambda_1' = \frac{R_s}{R} \cdot \frac{1}{1 + \left(\dfrac{R_s}{X_1}\right)^2} \tag{2-13}$$

式中，

X_1——金属套单位长度电抗，Ω/m；

$$X_1 = 2\omega 10^{-7} \ln\left[2 \times \sqrt[3]{2} \cdot \left(\frac{S}{d}\right)\right]$$

$\lambda_1'' = 0$——涡流损耗忽略不计。

3. 平面排列不换位且带电段金属套两端互连的三根单芯电力电缆

三根单芯电力电缆平面排列，中间一根与两侧的电力电缆间距相等，不换位，金属套两端互连时最大损耗的那根电力电缆(即滞后相的外侧电力电缆)的损耗因数由下式给出：

$$\lambda_{11}' = \frac{R_s}{R}\left[\frac{0.75P^2}{R_s^2 + P^2} + \frac{0.25Q^2}{R_s^2 + Q^2} + \frac{2R_s PQX_m}{\sqrt{3}(R_s^2 + P^2)(R_s^2 + Q^2)}\right] \tag{2-14}$$

超前相电力电缆的损耗因数为

$$\lambda_{12}' = \frac{R_s}{R}\left[\frac{0.75P^2}{R_s^2 + P^2} + \frac{0.25Q^2}{R_s^2 + Q^2} - \frac{2R_s PQX_m}{\sqrt{3}(R_s^2 + P^2)(R_s^2 + Q^2)}\right] \tag{2-15}$$

中间相电力电缆的损耗因数为

$$\lambda_{1m}' = \frac{R_s}{R} \cdot \frac{Q^2}{R_s^2 + Q^2} \tag{2-16}$$

式中，

$P = X + X_m$；

$Q = X - X_m/3$；

X——对于两根相邻单芯电力电缆单位长度金属套或屏蔽层的电抗，Ω/m；

$X = 2\omega 10^{-7}\ln\left(\dfrac{2S}{d}\right)$；

X_m——当电力电缆平面排列时，某一外侧电力电缆金属套与另外两根电力电缆导体之间单位长度电力电缆的互抗，Ω/m。

$$X = 2\omega 10^{-7}\ln(2)$$

$\lambda_1'' = 0$，即涡流损耗忽略不计。

4. 金属套单点互连或交叉互连的单芯电力电缆

1) 涡流损耗

金属套单点互连或交叉互连的单芯电力电缆涡流损耗 λ_1'' 由下式给出：

$$\lambda_1'' = \frac{R_s}{R}\left[g_s\lambda_0(1+\Delta_1+\Delta_2) + \frac{(\beta_1 t_s)^4}{12\times10^{12}}\right] \tag{2-17}$$

式中，

$$g_s = 1 + \left(\frac{t_s}{D_s}\right)^{1.74}\left(\beta_1 D_s 10^{-3} - 1.6\right);$$

$$\beta_1 = \left[\frac{4\pi\omega}{10^7\rho_s}\right]^{0.5};$$

ρ_s ——工作温度下金属材料的电阻率；

D_s ——电力电缆金属套外径，对于皱纹金属套电力电缆，使用平均直径，mm；

t_s ——金属套厚度，mm；

λ_0、Δ_1 和 Δ_2 计算式具体如下，其中，$m = \frac{\omega}{R_s}\times10^{-7}$；

当 $m \leqslant 0.1$ 时，Δ_1 和 Δ_2 可忽略不计。

(1) 三根单芯电力电缆呈三角形排列：

$$\lambda_0 = 3\left(\frac{m^2}{1+m^2}\right)\left(\frac{d}{2S}\right)^2$$

$$\Delta_1 = (1.14m^{2.45} + 0.33)\left(\frac{d}{2S}\right)^{(0.92m+1.66)}$$

$$\Delta_2 = 0$$

(2) 当三根单芯电力电缆平面排列时，中间相电力电缆：

$$\lambda_0 = 6\left(\frac{m^2}{1+m^2}\right)\left(\frac{d}{2S}\right)^2$$

$$\Delta_1 = 0.86m^{3.08}\left(\frac{d}{2S}\right)^{(1.4m+0.7)}$$

$$\Delta_2 = 0$$

超前相的外侧电力电缆：

$$\lambda_0 = 1.5\left(\frac{m^2}{1+m^2}\right)\left(\frac{d}{2S}\right)^2$$

$$\varDelta_1 = 4.7m^{0.7}\left(\frac{d}{2S}\right)^{(0.16m+2)}$$

$$\varDelta_2 = 21m^{3.3}\left(\frac{d}{2S}\right)^{(1.47m+5.06)}$$

滞后相的外侧电力电缆：

$$\lambda_0 = 1.5\left(\frac{m^2}{1+m^2}\right)\left(\frac{d}{2S}\right)^2$$

$$\varDelta_1 = \frac{0.74(m+2)m^{0.5}}{2+(m-0.3)^2}\left(\frac{d}{2S}\right)^{(m+1)}$$

$$\varDelta_2 = 0.92m^{3.7}\left(\frac{d}{2S}\right)^{(m+2)}$$

2) 环流损耗

在金属套单端互连或交叉互连接地且每个大段都分成电性相同的三个小段场合下，单芯电力电缆环流损耗为 0。

2.5 热阻计算

1. 电力电缆绝缘的热阻 T_1

对于单芯电力电缆，即一根导体和金属套之间绝缘热阻 T_1 由下式给出：

$$T_1 = \frac{\rho_T}{2\pi}\ln\left(1+\frac{2t_1}{d_c}\right) \tag{2-18}$$

式中，

ρ_T——绝缘材料热阻系数，K·m/W；

t_1——导体和金属套之间的绝缘厚度，mm；

d_c——导体直径，mm。

对于皱纹金属套，t_1 按金属套内直径的平均值计算：

$$t_1 = \frac{D_{it}+D_{oc}}{2}-t_s$$

式中，

D_{it}——与皱纹金属套波谷内表面相切的假想同心圆柱体的直径，mm；

D_{oc}——与皱纹金属套波峰相切的假想同心圆柱体的直径，mm；

t_s——金属套厚度，mm。

2. 金属套和铠装之间热阻 T_2

具有相同金属套的单芯、二芯和三芯电力电缆金属套和铠装之间热阻 T_2 由下式给出：

$$T_2 = \frac{\rho_T}{2\pi}\ln\left(1 + \frac{2t_2}{D_s}\right) \tag{2-19}$$

式中,

t_2——内衬层厚度,mm;

D_s——金属套外径,mm。

3. 外护层热阻 T_3

外护层一般是同心圆结构,外护层热阻 T_3 由下式给出:

$$T_3 = \frac{\rho_T}{2\pi}\ln\left(1 + \frac{2t_3}{D_a'}\right) \tag{2-20}$$

式中,

t_3——外护层厚度,mm;

D_a'——铠装层外径。

皱纹金属套非铠装电力电缆外护层热阻 T_3 由下式给出:

$$T_3 = \frac{\rho_T}{2\pi}\ln\left[\frac{D_{oc} + 2t_3}{(D_{oc} + D_{it})/2 + t_s}\right] \tag{2-21}$$

4. 外部热阻 T_4

(1) 空气中不受日光直接照射情况下的电力电缆周围热阻 T_4 由下式给出:

$$T_4 = \frac{1}{\pi \cdot D_e \cdot h \cdot (\Delta\theta_s)^{1/4}} \tag{2-22}$$

式中,

$h = \dfrac{Z}{D_e^g} + E$,为散热系数;

D_e——电力电缆外径,mm。

(2) 埋地单根孤立电力电缆的外部热阻 T_4 由下式给出:

$$T_4 = \frac{\rho_T}{2\pi}\ln(u + \sqrt{u^2 - 1}) \tag{2-23}$$

式中,

ρ_T——土壤热阻系数,K·m/W;

$u = \dfrac{2L}{D_e}$;

L——电力电缆轴线至地表面的距离,mm;

D_e——电力电缆外径,mm。

当 $u > 10$ 时,最佳近似值为:$T_4 = \dfrac{\rho_T}{2\pi}\ln(2u)$。

(3) 埋地电力电缆群(互不接触)。成群埋地敷设电力电缆的外部热阻可以采用叠加法计算,假设每根电力电缆作为线性热源而且不受其他电力电缆引起的热场畸变的影响。

多根电力电缆敷设有两种主要类型：一种通常结构类型是电力电缆结构不同且负荷不等的电力电缆群，对此给出一般方法；另一种特殊结构类型是结构相同、负荷相等的电力电缆群，给出一个求解公式。

通常类型(负荷不等的多根电力电缆)：对于结构不同，负荷不等的电力电缆群先算该组其他电力电缆对所要考虑的那根电力电缆引起的表面温升，再由式(2-1)的载流量公式中的 $\Delta\theta$ 值减去该温升，必须预先估算每根电力电缆的散热功率。如需要还应逐步对计算结果进行修正。

要确定第 p 根电力电缆的载流量，由该组其他(q-1)根电力电缆的散热引起对第 p 根电力电缆的表面高于环境温升 $\Delta\theta_p$ 由下式给出：

$$\Delta\theta_p = \Delta\theta_{1p} + \Delta\theta_{2p} + \cdots + \Delta\theta_{qp} \tag{2-24}$$

式中，

$\Delta\theta_{kp}$——第 k 根电力电缆单位长度的散热量对第 p 根电力电缆所引起的表面温升：

$$\Delta\theta_{kp} = \frac{\rho_{\mathrm{T}}}{2\pi} W_k \ln\left(\frac{d'_{pk}}{d_{pk}}\right);$$

d_{pk} 和 d'_{pk} 分别为第 p 根电力电缆的中心至第 k 根电力电缆的中心距离和第 p 根电力电缆的中心至第 k 根电力电缆在大地—空气的镜像中心的距离。

利用式(2-1)计算第 p 根电力电缆的载流量时，式(2-1)中的 $\Delta\theta$ 值减去由式(2-24)计算而得的由周围其它电缆分离敷设时引起的表面温升的和。如果要避免任何一根电力电缆可能过热，应逐一对每根电力电缆进行计算。

特殊类型(结构相同、负荷相等的多根电力电缆)：对于结构相同、负荷相等的电力电缆群的载流量是以最热电力电缆的那个电力电缆为依据。通常从排列结构就能判断出哪根电力电缆最热并对该电力电缆进行载流量计算。在难以确定的情况下，可以进一步对其他电力电缆计算。该方法是计算已计及一组电力电缆内各电力电缆之间相互热效应对外部电力电缆热阻 T_4 的修正值，而式(2-1)载流量计算公式中的 $\Delta\theta$ 不变。

第 p 根电力电缆外部热阻 T_4 的修正值为

$$T_4 = \frac{\rho_{\mathrm{T}}}{2\pi} \ln\left\{(u+\sqrt{u^2-1})\left[\left(\frac{d'_{p1}}{d_{p1}}\right)\left(\frac{d'_{p2}}{d_{p2}}\right)\cdots\left(\frac{d'_{pq}}{d_{pq}}\right)\right]\right\} \tag{2-25}$$

式中 $\left(\dfrac{d'_{pp}}{d_{pp}}\right)$ 项除外。

简单的电力电缆排列，上述公式可适当的简化。

对于有间距的水平排列且等损耗的二根电力电缆，有

$$T_4 = \frac{\rho_{\mathrm{T}}}{2\pi} \ln\left\{(u+\sqrt{u^2-1}) + \frac{1}{2}\ln\left[1+\left(\frac{2L}{s_1}\right)^2\right]\right\} \tag{2-26}$$

式中，

22

L——地表面到电力电缆轴心的距离，mm；

s_1——相邻电力电缆之间的轴心距离，mm。

对于等间距、水平排列且损耗相等的三根电力电缆，有

$$T_4 = \frac{\rho_T}{2\pi} \ln\left\{(u + \sqrt{u^2-1}) + \ln\left[1 + \left(\frac{2L}{s_1}\right)^2\right]\right\} \tag{2-27}$$

上式计算的是该组电力电缆中间电力电缆的外部热阻。

对于等间距平面排列金属套损耗不等的三根电力电缆：多根单芯电力电缆水平面排列时，金属套不换位且金属套各接点均接地时，金属套损耗不等将影响最热电力电缆的外部热阻。在这种情况下，载流量公式的分子项所用的 T_4 值按式(2-27)计算值，但分母项必须用 T_4 的修正值，如下式所示：

$$T_4 = \frac{\rho_T}{2\pi} \ln\left\{(u + \sqrt{u^2-1}) + \frac{1 + 0.5(\lambda'_{11} + \lambda'_{12})}{1 + \lambda'_{1m}} \ln\left[1 + \left(\frac{2L}{s_1}\right)^2\right]\right\} \tag{2-28}$$

(4) 等负荷埋地电力电缆群(相互接触)。对于平面排列的两根单芯金属套电力电缆，设金属套有良好的导热性，电力电缆表面为等温线，计算公式为

$$T_4 = \frac{\rho_T}{2\pi} \ln(2u - 0.451) \quad (u \geqslant 5) \tag{2-29}$$

对于平面排列的两根单芯非金属套电力电缆，设电力电缆表面为等温线，计算公式为

$$T_4 = \frac{\rho_T}{2\pi} \ln(2u - 0.295) \quad (u \geqslant 5) \tag{2-30}$$

该公式适用于具有铜丝屏蔽的非金属套电力电缆。

对于平面排列的三根单芯金属套电力电缆，设金属套有良好的导热性，电力电缆表面为等温线，计算公式为

$$T_4 = \rho_T \ln(2u - 0.346) \quad (u \geqslant 5) \tag{2-31}$$

对于平面排列的二根单芯非金属套电力电缆，设电力电缆表面为等温线，计算公式为

$$T_4 = \rho_T \ln(2u - 0.142) \quad (u \geqslant 5) \tag{2-32}$$

该公式适用于具有铜丝屏蔽的非金属套电力电缆。

对于三角形排列的三根电力电缆金属套电力电缆：

$$T_4 = \frac{1.5}{\pi} \rho_T \ln(2u - 0.630) \tag{2-33}$$

对于三角形排列的三根非金属套电力电缆：

$$T_4 = \frac{1.5}{\pi} \rho_T \ln(2u + 2\ln u) \tag{2-34}$$

(5) 对于管道敷设电力电缆，外部热阻由三部分组成：电力电缆表面和管道内表面之间的空气热阻 T_4'；管道本身的热阻 T_4''；管道外部热阻 T_4'''。

载流量计算公式中的外部热阻 T_4 值是各部分的综合，即

$$T_4 = T_4' + T_4'' + T_4''' \tag{2-35}$$

当电力电缆直径在(25～100)mm 范围内时，管道和电力电缆间的热阻 T_4' 可使用下面公式：

$$T_4' = \frac{U}{1 + 0.1(V + Y\theta_m)D_e} \tag{2-36}$$

式中，

　　U、V 和 Y ——与敷设条件有关的常数；

　　θ_m ——电力电缆与管道间的介质平均温度，先假定初值，必要时，则用修正值反复

　　　　计算，℃。

管道本身热阻 T_4'' 由下式给出：

$$T_4'' = \frac{1}{2\pi}\rho_G \ln\left(\frac{D_0}{D_d}\right) \tag{2-37}$$

式中，

　　D_0 ——管道外径，mm；

　　D_d ——管道内径，mm；

　　ρ_G ——管道材料热阻系数，K·m/W。

对于金属套管道，ρ_G 取零。

对于管道敷设电力电缆，管道外部热阻计算公式与直埋电力电缆相同，但式(2-23)中的电力电缆外径由管道外径代替。

2.6　短时载流量计算

1. 影响短路温度的因素

电力电缆短路温度是指载流体(如导体、金属套、金属屏蔽等)在短路持续时间小于 5s 时的实际温度，它受载流体邻接材料的限制。

下面推荐的允许短路温度是 IEC949 出版物根据各权威机构采用的限定值范围而定的，大多数是从安全角度考虑的。一般情况下，1.8/3(3.6)18/30(36)kV 电力电缆的短路温度限定值主要取决于不损伤其绝缘性能。绝缘性能的损伤主要取决于电力电缆类型，如聚合物绝缘电力电缆半导电屏蔽的粘合程度可能是决定限定值的关键；对于纸绝缘电力电缆，则绝缘本体性能更重要。

对于纸绝缘电力电缆(充油和浸渍电力电缆)，油松香或不滴流混合物浸渍纸绝缘电力电缆允许短路温度是由混合物迁移和形成空隙趋势决定的。所有纸绝缘电力电缆可能受限制的是因绝缘线芯的移动造成纸带撕裂。

对于聚合物绝缘电力电缆，在短路条件下产生的高温和作用力具有极大的破坏作用，

可能导致放电活动的增加。因此，半导电屏蔽和绝缘之间截面的完整性以及绝缘内的空隙是聚合物绝缘电力电缆短路温度两个重要的限定因素。此外，高温可能改变绝缘材料、半导电材料和护层材料的性能。当电力电缆直埋或空气中固定敷设时，采用短路温度时更应小心。在短路状态下，因夹紧敷设或采用小于电力电缆规定的敷设半径会引起局部高压应力，尤其是刚性约束的电力电缆，可产生更高的变形应力。如果上述情况均不能避免，建议允许短路温度降低10℃。

对于以耐温等级较低的热固性材料作护层的电力电缆，特别对于电力电缆截面1000mm²范围的电力电缆，使用该绝缘规定的导体温度时必须小心。另外，强大的机械应力也能导致绝缘变形并足以引起电力电缆损坏。

2. 允许短路电流

电力电缆中任何载流原件，其额定短路电流的计算方法都采用绝热方法，即在短路时间内，热量保留在载流体内。实际上在短路时，一些热量会传入相邻接的材料中去，并非是绝热的，但按最极端条件计算，其计算结果是偏于安全的。

3. 1.8/3(3.6)～18/30(36)kV 电力电缆允许最高短路温度

给出各种类型1.8/3(3.6)～18/30(36)kV电力电缆的最高允许短路温度值。温度限值适合于短路时间5s及以下。

选择一种特定电力电缆结构的允许短路温度时，应同时考虑以下三点：

(1) 绝缘材料允许短路温度：与绝缘材料相接触的各种导体的允许短路温度。

(2) 当没有电性和其他要求时外护层和内衬层材料允许短路温度：与外护层材料接触而与绝缘层以隔热层隔开的屏蔽/金属套/铠装的允许温度。如果没有隔热层，并且绝缘允许短路温度小于外护层的允许短路温度时，应采用绝缘允许短路温度。对于连续屏蔽/金属套或非嵌入间隔屏蔽线或一层密绕的铠装线会影响短路温度，而嵌入间隔屏蔽线正在考虑之中。

(3) 导体/金属套/屏蔽/铠装材料及连接方法：关于这些材料以及其应用状态下短路温度与这些金属接触的非金属材料的允许短路温度也应考虑。

4. 允许短路电流的计算

1) 绝热法计算短路电流

对于1.8/3(3.6)kV～18/30(36)kV电压的电力电缆，IEC-986(1989)标准推荐的短路电流计算公式中忽略热损失。采用绝热方法导出的公式对大多数情况是准确的。任何误差都是偏于安全的。对任何初始温度从绝热温升方程中导出短路电流计算公式如下：

$$I_{AD} = KS\sqrt{\frac{1}{t}\ln\left(\frac{\theta_f + \beta}{\theta_i + \beta}\right)} \tag{2-38}$$

式中，

S——载流体截面积，mm²，对于导体和金属套而言，使用标称截面足够了(如果是屏蔽，此值须仔细考虑)；

I_{AD}——短路电流(短路期间内电流有效值)，A；

t——短路时间，s，自动合闸情况下，t是短路电流持续时间的集合，最大到5s，二次短路之间任何冷却作用均忽略；

K——与载流体材料有关的常数；

$$K = \sqrt{\frac{\sigma_c(\beta + 20) \times 10^{-12}}{\rho_{20}}}$$

θ_f——最终温度，℃；

θ_i——起始温度，℃；

β——0℃时载流体电阻温度系数的倒数，K；

σ_c——20℃时载流体比热，J/(K·m^3)；

ρ_{20}——导体20℃时电阻率，Ω·m。

2) 非绝热法计算短路电流

(1) 一般情况。

IEC949-1988提出按非绝缘热效应计算允许短路电流的方法。热损耗进入绝缘介质的容许量可用一个因数来实现，既可对短路能量的输入修正，也可对允许最高温度修正，这里选择前者，与其改变进入绝缘介质的热损耗总量，倒不如对材料的允许温度保持恒定，因数 ε 被定义为绝热和非绝热能量输入的比值。

① 导体。通过对PVC铜芯电力电缆大量试验提出这个方法，并推广到其他类型电力电缆，从少量纸绝缘电力电缆试验得以证实。用推理、计算和试验数据发现了相互之间的一致性，理论公式如下：

$$\varepsilon = \sqrt{1 + A\sqrt{\frac{t}{s}} + B\left(\frac{t}{s}\right)} \tag{2-39}$$

对于PVC电力电缆用这种经验公式计算的曲线与计算机上计算的结果是一致的，对于经验常数 A 和 B 是综合导体和绝缘的比热及绝缘热阻而定的。

试验结果分散性是由于导体和绝缘间接触的不完善性引起的，考虑到这点引入一个因数 F。A 值的 F 为0.7，实际上包括所有的PVC电力电缆有效试验数据，并可用于所有导体/其他组合材料(充油电力电缆除外，由于其热接触性好，F 可取为1)，因此任何误差均在安全范围内。ε 与温度略有关系，但在整个常用温度范围内该影响可忽略。

考虑对于短路电流增加5%只是极小量。为此当 $t/S<0.1(\text{s}/\text{mm}^2)$ 时，可忽略导体电流增加。在这种情况下不推荐非绝热方法计算。

② 屏蔽和金属套。在非绝缘条件下屏蔽和金属套已被认为具有增加允许短路电流的潜力最大。选择了可直接考虑到损耗与温度变化且理论上最准确的一种简化方法。

因数同样和温度有关，但表达式代表最恶劣的条件，实际上这点可忽略不计。

对各种不同热接触程度引起热接触因数，如铅套纸绝缘电力电缆外护层的沥青层与纸绝缘有很好的接触，而不滴流电力电缆皱纹铝套和纸绝缘的接触就很差，各种建议均从偏于安全方面考虑。从安全考虑，规定电流沿屏蔽带螺旋方向流动，不考虑包带间阻抗，并采用屏蔽带的几何截面作为计算截面。

同样，铜丝编织屏蔽带假设为管状，但铜丝相互间没有接触。计算截面为单根铜丝截面乘以铜丝根数，而厚度为单根铜丝直径的两倍。

用非绝缘法计算短路电流。非绝热方法计算允许短路电流的公式为

$$I_s = \varepsilon \times I_{AD} \tag{2-40}$$

式中，

I_s——允许短路电流，A；

ε——热损耗进入邻接部位的因数，绝热计算时 $\varepsilon=1$。

ε 的计算如下：

① 导体和分隔屏蔽线非绝热因数 ε 的一般经验公式为

$$\varepsilon = \sqrt{1 + F \cdot A \cdot \left(\frac{t}{S}\right)^{1/2} + F^2 \cdot B\left(\frac{t}{S}\right)} \tag{2-41}$$

式中，

F——导体(或单线)和邻接非金属材料之间考虑到热接触的不完善性，推荐取值 0.7(充油取 1.0)；

A、B——以邻接非金属材料为基础的经验常数。

$$A = \frac{G_1}{\sigma_c}\sqrt{\frac{\sigma_i}{\rho_i}} \ (mm^2/s)^{1/2} \qquad G_1 = 2464(mm/m);$$

$$B = \frac{G_2}{\sigma_c}\sqrt{\frac{\sigma_i}{\rho_i}} \ (mm^2/s) \qquad G_2 = 1.22(K \cdot m \cdot mm^2/J);$$

σ_c——载流体比热，$J/(K \cdot m^3)$；

σ_i——邻接非金属材料的比热，$J/(K \cdot m^3)$；

ρ_i——邻接非金属材料的热阻系数，$K \cdot m/W$。

② 导体(实芯和绞合)非绝热因数 ε 的一般简化公式如下：

$$\varepsilon = \sqrt{1 + X\left(\frac{t}{S}\right)^{1/2} + Y\left(\frac{t}{S}\right)} \tag{2-42}$$

式中，

S——载流部分的几何截面积，mm^2，对 IEC-228 所规定的导体，采用其标称截面就已满足；

X、Y——结合热接触因数为 0.7(充油电力电缆为 1.0)。

③ 分隔屏蔽线：

a. 全嵌入式。分隔屏蔽线采用的公式中考虑单线分开至少相隔一根单线直径，并全部嵌入非金属材料中，且忽略薄的螺旋绕包等宽铜带的影响。对通常的产品结构可采用式(2-41)，其他结构形式必须采用式(2-40)，并取 $F=0.7$。电流按每根单线计算，乘以单线根数 n 可得到总的短路电流。因此在所有的公式中均使用单线截面。

b. 非全嵌入式。此方法用于分隔屏蔽单线，它们置于管状挤出物之下，且单线间存在着空隙，可采用式(2-40)，且 $F=0.5$。由于单线处于两种不同材料之间，应采用两种材料的热阻和比热的算术平均值计算。电流按每根单线计算，乘以单线根数即可得到总的短路电流值。因此在所有的公式中均使用单线截面。

(2) 金属套、屏蔽层和多根单线非绝热因数的计算。

① 金属套、屏蔽和铠装的因数 ε 由下式计算：

$$\varepsilon = 1 + 0.61M\sqrt{t} - 0.69(M\sqrt{t})^2 + 0.0043(M\sqrt{t})^3 \tag{2-43}$$

$$M = \frac{\sqrt{\sigma_2/\rho_2} + \sqrt{\sigma_3/\rho_3}}{2\sigma_1 \cdot \delta \cdot 10^{-3}} \times F \quad (\text{s}^{-1/2})$$

式中，

σ_2、σ_3——邻接于金属套、屏蔽和铠装周围的介质比热，J/(K·m^3)；

σ_1——屏蔽、金属套或铠装的体积比热，J/(K·m^3)；

ρ_2、ρ_3——邻接于金属套、屏蔽和铠装周围的介质热阻系数，K·m/W；

δ——金属套、屏蔽和铠装层的厚度，mm。

除非金属层和其邻接层有一层完全粘着时刻取用 $F=0.9$ 之外，一般推荐 $F=0.7$。

② 管形金属套。在绝热公式中使用的截面为

$$S = \pi \cdot d \cdot \delta \tag{2-44}$$

式中，

d——金属套平均直径，mm，皱纹护套的直径 $d = (D_{it} + D_{oc})/2$；

δ——护层厚度，mm。

此处热性接触是紧密的，热接触因数 F 可视为均一的。

③ 包带。包括以下几种绕包类型：

a. 纵向绕包。如果纵向搭盖不大于带宽的 10%，在绝热公式中所使用的截面为包带横截面。

$$S = w\delta \tag{2-45}$$

式中，

w——包带宽度，mm；

δ——包带厚度，mm。

b. 螺旋绕包。卷绕包带和包带间的接触不能认为是完善的，特别在运行一段时间后更是如此。假设电流是沿螺旋方向流动，则包带总面积($n \times$宽$\times$厚)可用下式计算：

$$S = nw\delta \tag{2-46}$$

式中，

n——包带层数；

δ——对于相互接触的单线，这些单线的总面积应是在绝热公式中使用的面积，δ 是单线的直径；对于铜编织带，铜丝编织带截面考虑为编织带中铜丝的总根数乘以单丝的截面，δ 是编织铜丝直径的 2 倍。

3) 短路温度的计算

IEC949 标准提供了在已知最大故障电流的情况下导体最终温度的计算公式：

$$\theta_{\mathrm{f}} = (\theta_{\mathrm{i}} + \beta) \cdot \exp\left(\frac{I_{\mathrm{AD}}^2}{K^2 \cdot S^2}\right) - \beta \tag{2-47}$$

式中,

$I_{\mathrm{AD}} = I_{\mathrm{SC}} / \varepsilon$, A;

I_{SC} ——已知短路电流(有效值), A;

ε ——热损耗进入相邻部位时非绝热因数, 绝热计算时 $\varepsilon = 1$;

K、S、β ——常数。

5. 载流导体热稳定性计算简化式

短路电流的实际过渡过程是比较复杂的。短路电流 I_{dt} 从产生瞬时电流到衰变为暂态电流, 最后达到稳态电流 I_∞, 短路过程中载流导体的热效应正比于 I_{dt}^2 (引起载流导体热效应)并截止于切断故障的实际动作时间 t。根据等效原理, 利用 I_∞^2 乘以假想时间 t_{jx} 及由稳态短路电流在假想时间内所产生的热量 $\left(I_{\mathrm{AD}}^2 R_\theta t_{\mathrm{jx}}\right)$ 等于短路电流在切断时间内产生的

热量 $\left(\displaystyle\int_0^t I_{\mathrm{AD}}^2 R_\theta \mathrm{d}t\right)$, 即有

$$\int_0^t I_{\mathrm{AD}}^2 R_\theta \mathrm{d}t = I_\infty^2 R_\theta t_{\mathrm{jx}} \tag{2-48}$$

一般情况下, 短路电流作用时间很短, 可以认为导体短路是个绝热过程。短路电流 I_{dt} 所产生的热量没有向周围介质中逸散, 全部为导体所吸收而提高了导体温度。设导体最高允许值 $\Delta\theta = \theta_{\mathrm{f}} - \theta_{\mathrm{i}}$, 由此可建立短路过程中保证导体热稳定的热平衡关系式:

导体的发热=导体体积×密度×比热×(短路终结时的导体温度-短路起始时的导体温度)

方程式右侧: 导体体积正比于导体截面 S^2, 体积与密度乘积等于导体重量 G, 导体的密度 γ、比热 C_θ、最高允许温度 θ_{f} 与 θ_{i} 对于某一种材料来说, 均为定值, 可以用参数 $(A_{\mathrm{f}} - A_{\mathrm{i}})$ 表示, 则

$$\int_0^t I_{\mathrm{dt}}^2 \cdot \mathrm{d}t = I_\infty^2 \cdot t_{\mathrm{jx}} = S^2 (A_{\mathrm{f}} - A_{\mathrm{i}}) \tag{2-49}$$

由上式便可以求得发生短路时保证导体热稳定的最小截面:

$$S = \frac{I_\infty}{\sqrt{A_{\mathrm{d}} - A_{\mathrm{e}}}} \sqrt{t_{\mathrm{jx}}} = \frac{I_\infty}{C} \sqrt{t_{\mathrm{jx}}} \tag{2-50}$$

式中,

C ——热稳定系数。

从式(2-35)也可以导出热稳定系数 C 的计算式:

设 $\ln x = \ln\left(\dfrac{\theta_{\mathrm{f}} + \beta}{\theta_{\mathrm{i}} + \beta}\right)$, 由式(2-35)得:

$$S_{\min} = \frac{I_{AD} \cdot \sqrt{t}}{K \cdot \ln x} = \frac{I_{AD} \cdot \sqrt{t}}{C} \tag{2-51}$$

$$C = K\sqrt{\ln(x)} = K \times \left[\ln\left(\frac{\theta_f + \beta}{\theta_i + \beta} \right) \right]^{1/2} = \sqrt{ \frac{\sigma_c(\beta + 20) \times 10^{-12}}{\rho_{20}} \times \ln\left(\frac{\theta_f + \beta}{\theta_i + \beta} \right) } \tag{2-52}$$

式中，

S——载流体截面积，mm^2，对于导体和金属套而言，使用标称截面足够了(如果是屏蔽，此值须仔细考虑)。

第3章 高压电力电缆焦耳损耗计算

3.1 引　言

由于电力电缆线芯导体电阻的作用，当电流流过电力电缆线芯导体时，电力电缆线芯导体内将产生导体损耗。与直流在线芯导体中只产生直流导体损耗不同，当电力电缆通以交变电流时，线芯导体、金属套和铠装层内还将产生由交变磁场作用下的涡流损耗。这些损耗是电力电缆的主要损耗，造成了高压电力电缆本体热量的积累和温度的升高，热量通过热传导、热对流和热辐射等方式向周围环境扩散，当生热和散热平衡时，高压电力电缆本体的温度将保持在一个稳定的状态。高压电力电缆绝缘温度的高低将影响绝缘老化的速度和电力电缆使用寿命，而电力电缆的载流量正是在使用寿命内，保证电力绝缘性能不因绝缘劣化而造成性能下降为基准，因此通过对电力电缆各部分的损耗问题进行研究，掌握各部分损耗的总量和分布状况，对进一步研究电力电缆的温度场，准确计算电力电缆的载流量具有重要意义。

高压电力电缆线芯导体、金属套和铠装层的损耗与下列因素密切相关：

(1) 高压电力电缆缆芯导体材质。高压电力电缆导体材质不同，电阻率和导磁率就不同，由交变电流引起的损耗就不同。高压电力电缆导体通常由铜或铝构成。

(2) 高压电力电缆缆芯导体结构形式。由于趋肤效应的影响，电力电缆导体内的电流密度在导体表面较大，而在导体中心较小，造成了导体电阻的增大，从而造成发热量的增大。因此，小截面电力电缆导体通常为圆导体，随截面积增大，电力电缆导体通常采用圆绞线、紧压圆绞线、空心螺旋形绞线、大截面分割导体等结构形式，以减少趋肤效应的影响，从而减少导体的电阻，进而减少导体的损耗。

(3) 高压电力电缆金属套材质。为了继电保护和安全的需要，在绝缘层外面，电力电缆都有一层金属套。在交变电流产生的交变磁场的作用下，金属套内将产生涡流损耗，涡流损耗与金属套的电阻率、磁导率等密切相关。高压电力电缆金属套通常由皱纹铝、铅、铜带、疏绕铜丝等构成。

(4) 高压电力电缆芯数。35kV 以下电力电缆通常以 3 芯或多芯电力电缆为主，110kV 电力电缆通常以单芯电力电缆为主。多芯电力电缆内部总的电流和为零，对外部基本没有磁的影响，但电力电缆内部三个缆芯间距离很近，有较强的电磁感应现象。单芯电力电缆通常对外部有较强的电磁感应，排列较近的单芯电力电缆间也存在着较强的电磁感应。电磁感应将在附近电力电缆缆芯、金属套和铠装层产生涡流损耗。因此，电力电缆的缆芯导体、金属套和铠装层内的涡流损耗不仅与电力电缆本体通过的交变电流所产生的交变磁场有关，还受周围电力电缆内通过的交变电流所产生的交变磁场的影响。由于高压电力电缆通过的电流往往较大，每根电力电缆损耗受其他电力电缆的影响也较严重。

(5) 排列方式。对于单芯电力电缆，一个回路电力电缆的排列方式有三角形和"一"字形两种。三角形排列电力电缆三相电力电缆缆芯间距离近似等于电力电缆直径，电力电缆间电磁感基本平衡，三相电力电缆损耗基本相等，而"一"字形排列三相电力电缆间距不等，电力电缆间电磁感应不平衡，三相电力电缆损耗与电力电缆间距、接地方式等相关，往往是不相等的。

(6) 接地方式。从保护和安全角度考虑，电力电缆金属套往往采用双端接地、单端接地和交叉互连接地等三种方式。在双端接地时，电力电缆金属套与大地构成回路，在金属套内将产生环流损耗，金属套内的总损耗较大。在单端接地时，金属套无法与大地构成回路，金属套内只有较小的涡流损耗。为了防止较大的环流损耗，线路较长的电力电缆常交叉互连接地，不同分段内，金属套内经电磁感应产生的感应电势是不平衡的，但整个线路的金属套内产生的感应电势之和是平衡的，近似等于 0，因而金属套内主要是较小的涡流损耗，交叉互连接地可按单端接地考虑。

随着多种敷设方式下高压电力电缆群密集排列情况的出现，高压电力电缆间的电磁感应越来越复杂，损耗的计算也越来越困难。而数值方法是计算复杂情况下高压电力电缆损耗的有力工具。

3.2 电磁损耗计算方法

3.2.1 电磁损耗计算的有限元方法

在电磁场数值分析中，有限差分法先于有限元法得到应用。有限差分法的特点是直接求场的基本方程和定解条件的近似解。有限差分法的数学模型简洁，便于理解和实现，但有限差分法的规则网格不能满意地模拟几何形状复杂的问题，而电工设备中的电磁场却正是以包含复杂的几何形状和不同材料的物理参数为特征，因而有限差分法在电磁场分析中的应用逐渐被有限元法替代，广泛用于电机、变压器等电力设备电磁场的计算。

有限元法是以变分原理为基础，把所要求解的微分方程数学模型—边值问题，首先转化为相应的变分问题，即泛函求极值问题；然后，利用剖分插值，离散化变分问题转化为普通多元函数的极值问题，即最终归结为一组多元的代数方程组，求解即可得到待求边值问题的数值解。有限元法求解电磁场问题时的应用步骤是：

(1) 给出与待求边值问题相应的泛函及其等价变分问题。

(2) 将连续区域离散成剖分单元之和；将未知的连续函数离散成有限项函数之和，即将无限个自由度的问题离散成有限个自由度的问题。

(3) 求泛函的极值，离散出矩阵方程，称之为有限元方程。

(4) 用直接法或迭代法或优化法求解有限元方程。

宏观电磁现象的基本规律可以非常简洁地用一个方程组，即麦克斯韦方程组来表示。这个电磁场基本方程组的基本变量为四个场量：电场强度 E (V/m)；磁感应强度 B (T)；电位移向量 D (C/m^2) 和磁场强度 H (A/m)，以及两个源变量：电流密度 J (A/m^2) 和电荷密度 ρ (C/m^3)，在静止媒质中其微分形式可以表示为

$$\begin{cases} \nabla \times H = J + \dfrac{\mathrm{d}D}{\mathrm{d}t} \\[2mm] \nabla \times E = -\dfrac{\mathrm{d}B}{\mathrm{d}t} \\[2mm] \nabla \cdot B = 0 \\[2mm] \nabla \cdot D = \rho \end{cases} \tag{3-1}$$

为表征在电磁场作用下媒质的宏观电磁特性，有关场量之间的关系可表示为

$$D = \varepsilon E \tag{3-2}$$

$$B = \mu H \tag{3-3}$$

$$J = \sigma E \tag{3-4}$$

式中，

ε——介电常数，F/m；

μ——磁导率，H/m；

σ——电导率，S/m。

对于各向异性媒质，这些参数是张量；对于各向同性媒质，它们是标量。只有在线性且各向同性媒质的情况下，才是简单的常数。在 SI 单位制中，对应于自由空间的介电常数 $\varepsilon_0 = 8.854 \times 10^{-12}\,\mathrm{F/m}$，磁导率 $\mu_0 = 4\pi \times 10^{-7}\,\mathrm{H/m}$。

单芯交联聚乙烯电力电缆的导体屏蔽层计入导体、绝缘屏蔽计入金属屏蔽层后，直埋于土壤中的单根单芯电力电缆可由图 3-1 表示。

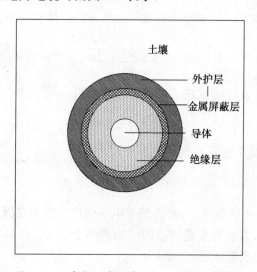

图 3-1　土壤直埋单根单芯电力电缆场域模型

由于电力电缆一般运行在工频(50Hz)下，引入以下假设[80,81]：

(1) 在金属导体中，当频率 $f = 50\mathrm{Hz}$ 时，传导电流密度 J_s 与位移电流密度 J_d 之比 $J_\mathrm{s}/J_\mathrm{d} = \gamma/(2\pi f \varepsilon)$ 约为 10^7 数量级，故可忽略位移电流的影响。

(2) 导体的电导率为常数。

(3) 忽略铁磁物质的磁滞效应并设为各向同性的媒质。

这时，土壤直埋电力电缆的磁场为似稳场，由于电力电缆导电区域内存在激磁电流、涡流等，因此，导电区域的复数形式的麦克斯韦方程组的微分形式为

$$\begin{cases} \nabla \times H = J_s + J_c \\ \nabla \times E = -\dfrac{dB}{dt} \\ \nabla \cdot B = 0 \\ \nabla \cdot D = 0 \end{cases} \tag{3-5}$$

方程组(3-5)中，J_s 为导电区域内的激磁电流，当区域内无激磁电流时，$J_s = 0$；J_c 为涡电流密度。

对于非导电区域，既无激磁电流，又无涡流产生，麦克斯韦方程组的微分形式为

$$\begin{cases} \nabla \times H = 0 \\ \nabla \times E = -\dfrac{dB}{dt} \\ \nabla \cdot B = 0 \\ \nabla \cdot D = 0 \end{cases} \tag{3-6}$$

定义矢量磁位 A，满足 $B = \nabla \times A$，则麦克斯韦第二方程可改写成

$$\nabla \times E + \frac{d}{dt}(\nabla \times A) = \nabla \times \left(E + \frac{dA}{dt} \right) = 0 \tag{3-7}$$

由于 $E + \dfrac{dA}{dt}$ 为无旋场，可表示为标量位函数 φ 的负梯度，即

$$E + \frac{dA}{dt} = -\nabla \times \varphi \tag{3-8}$$

为达到位函数 A、φ 与场强 H、E 的相互单值性，设

$$\nabla \cdot A = -\mu\sigma\varphi \tag{3-9}$$

当场域中存在局部外电场 E_0 时，电流密度为

$$J = \sigma(E_0 + E) = J_s + \sigma E \tag{3-10}$$

式中，J_s 为外加电场产生的电流；σE 为感生电场强度产生的电流。

对于正弦交变场，若各场变量均以同一频率作正弦变化，则导电区域内的麦克斯韦第一方程和第二方程可用复数形式表示为

$$\nabla \times \dot{H} = \dot{J}_s + \sigma\dot{E} \tag{3-11}$$

$$\nabla \times \dot{E} = -j\omega\dot{B} \tag{3-12}$$

则扩散方程可写做

$$\left(\nabla \cdot \frac{1}{\mu}\nabla \right)\dot{A} = -\dot{J}_s + j\omega\sigma\dot{A} \tag{3-13}$$

对于二维平面场(x–y平面)，矢量磁位$\dot{A}$和电流密度$\dot{J}_s$互相平行，且只有z方向的分量，则扩散方程为

$$\frac{\partial}{\partial x}\left(\frac{1}{\mu}\frac{\partial \dot{A}}{\partial x}\right)+\frac{\partial}{\partial y}\left(\frac{1}{\mu}\frac{\partial \dot{A}}{\partial y}\right)=-\dot{J}_s+\mathrm{j}\omega\sigma\dot{A} \tag{3-14}$$

对于没有激磁电流的导电区域，矢量磁位也只有z方向的分量，其二维平面场(x–y平面)的扩散方程为

$$\frac{\partial}{\partial x}\left(\frac{1}{\mu}\frac{\partial \dot{A}}{\partial x}\right)+\frac{\partial}{\partial y}\left(\frac{1}{\mu}\frac{\partial \dot{A}}{\partial y}\right)=\mathrm{j}\omega\sigma\dot{A} \tag{3-15}$$

对于非导电区域，矢量磁位也只有z方向的分量，其二维平面场(x–y平面)扩散方程为

$$\frac{\partial}{\partial x}\left(\frac{1}{\mu}\frac{\partial \dot{A}}{\partial x}\right)+\frac{\partial}{\partial y}\left(\frac{1}{\mu}\frac{\partial \dot{A}}{\partial y}\right)=0 \tag{3-16}$$

式(3-14)、式(3-15)和式(3-16)所描述的电磁场问题的方程要有定解，必须给出一定的条件，即初始条件和边界条件，合成定解条件。

对于交变电磁场，初始条件是整个系统初始状态的表达式。初始条件必须给出物理量与初始瞬间在系统中各处的值，即

$$A(x,y,t)\big|_{t=0}=f_1(x,y) \tag{3-17}$$

本文主要介绍地下电力电缆稳态情况下的电磁损耗的计算，因而不必考虑初始条件。

边界条件通常有三种情况：

第一类边界条件，即边界上的物理条件直接规定了物理量在边界上的值，本次计算采用电力电缆全模型计算，指给定无限远处矢量磁位等于0，即

$$A(x,y)\big|_{\varGamma_1}=0 \tag{3-18}$$

第二类边界条件，即边界上的物理条件规定了物理量的法向导数在边界上之值，即

$$\frac{\partial A}{\partial n}\bigg|_{\varGamma_2}=q_2 \tag{3-19}$$

第三类边界条件，即边界上的物理条件规定了物理量及其法向导数在边界上的某一线性关系，即

$$A(x,y)\big|_{\varGamma_3}=A_3 \tag{3-20}$$

$$\frac{\partial A}{\partial n}\bigg|_{\varGamma_3}=q_3 \tag{3-21}$$

土壤直埋电力电缆电磁场计算中，不考虑第二类和第三类边界条件。

在地下电力电缆电磁场计算中，场域中包含不同的媒质。当求解含有多种媒质的场域时，实际上场的控制方程是对应于每种媒质区分列写的。不同媒质中的场方程加上媒质的分界面条件和外边界的边界条件，才能构成联立求解的数学模型。

在两种媒质中的电场强度 E_1 和 E_2 在分界面上满足以下分界面条件：

$$n \times (E_2 - E_1) = 0 \tag{3-22}$$

式中，

n——分界面法向矢量。

上式说明电场强度在不同媒质分界面处的切向分量是连续的。

两种媒质中的磁感应强度 B_1 和 B_2 在分界面上满足以下分界面条件：

$$n \cdot (B_2 - B_1) = 0 \tag{3-23}$$

上式说明磁感应强度在不同媒质分界面处的法向分量是连续的。

两种媒质中的磁感应强度 H_1 和 H_2 在分界面上满足以下分界面条件：

$$n \times (H_2 - H_1) = K \tag{3-24}$$

式中，

K——电流线密度。

上式说明磁感应强度在不同媒质分界面处的切向分量是连续的。

两种媒质中的磁感应强度 J_1 和 J_2 在分界面上满足以下分界面条件：

$$n \cdot (J_2 - J_1) = 0 \tag{3-25}$$

上式说明电流密度在不同媒质分界面处的法向分量是连续的。

在实际计算时，是以矢量磁位和标量电位作为计算量进行求解的。在不同媒质分界面上满足的矢量磁位的分界面条件应给出。

对于涡流场问题，与电流连续性相对应，矢量磁位和标量电位应满足的分界面条件为

$$n \cdot \left(\sigma_1 \frac{\partial A_1}{\partial t} + \sigma_1 \nabla \varphi_1 - \sigma_2 \frac{\partial A_2}{\partial t} - \sigma_2 \nabla \varphi_2 \right) = 0 \tag{3-26}$$

通常在交界面处磁位和电流的值是连续的，可得矢量磁位满足的分界面边界条件为

$$(\nabla \times A_2)_n = (\nabla \times A_1)_n \tag{3-27}$$

标量电位满足的分界面边界条件为

$$\varepsilon_2 \left(\frac{\partial \varphi}{\partial n} \right)_2 - \varepsilon_1 \left(\frac{\partial \varphi}{\partial n} \right)_1 = 0 \tag{3-28}$$

当进一步给出矢量磁位的散度及适当的边界条件时，即可求得此边值问题的解。

引入库仑规范，即 $\nabla \cdot \dot{A} = 0$，由于电力电缆导体的温度变化不大，可以认为导体的磁导率 μ 为常数时，导电区域有激磁电流、导电区域无激磁电流和非导电区域的矢量磁位方程分别转化为

$$\frac{1}{\mu} \nabla^2 \dot{A} = -\dot{J} + \mathrm{j} \omega \gamma \dot{A} \tag{3-29}$$

$$\frac{1}{\mu}\nabla^2\dot{A} = j\omega\gamma\dot{A} \tag{3-30}$$

$$\frac{1}{\mu}\nabla^2\dot{A} = 0 \tag{3-31}$$

当电导率 σ 为常数时，标量电位方程转换为

$$\nabla^2\dot{\varphi} = 0 \tag{3-32}$$

式(3-29)、式(3-30)、式(3-31)和式(3-32)即为涡流场在库仑规范下 $\dot{A}$ 与 $\dot{\varphi}$ 所满足的方程。无论 $\dot{A}$ 还是 $\dot{\varphi}$ 都可作为一个独立问题求解，且仍满足电流连续性方程。

根据 $\dot{A}-\dot{\varphi}$ 解答的唯一性，导电区域的电流密度均可由下式计算：

$$\dot{J} = -j\omega\gamma\dot{A} \tag{3-33}$$

即在导电区域内，在给定的边界条件下，只需求解未知量 $\dot{A}$，就能得到磁感应强度与涡流的唯一分布。

以图 3-1 所示土壤直埋单芯电力电缆为例，以 $\dot{A}_1$ 和 $\dot{A}_{\text{sheath}}$ 作为线芯导体和金属屏蔽层区域的待求量，以 $\dot{A}_{\text{insulator}}$、$\dot{A}_{\text{cover}}$ 和 $\dot{A}_{\text{soil}}$ 作为绝缘层、外护层和土壤区域的待求量，电力电缆各部分的矢量磁位方程可表示为

$$\begin{cases} \dfrac{1}{\mu}\nabla^2\dot{A}_{\text{conductor}} = -\dot{J}_s + j\omega\sigma\dot{A}_{\text{conductor}} & \text{线芯导体} \\[2mm] \nabla^2\dot{A}_{\text{insulator}} = 0 & \text{绝缘层} \\[2mm] \dfrac{1}{\mu}\nabla^2\dot{A}_{\text{sheath}} = j\omega\sigma\dot{A}_{\text{sheath}} & \text{金属屏蔽层} \\[2mm] \nabla^2\dot{A}_{\text{cover}} = 0 & \text{外护层} \\[2mm] \nabla^2\dot{A}_{\text{soil}} = 0 & \text{土壤} \\[2mm] \dot{A}|_\infty = 0 & \text{无穷远边界} \end{cases} \tag{3-34}$$

在假定电导率与磁导率均为常数，且存在激磁电流时，根据变分原理可以构造电力电缆缆芯导体区域的泛函如下：

$$F(\dot{A}) = \frac{1}{2\mu}\int_S\left[\left(\frac{\partial\dot{A}}{\partial x}\right)^2 + \left(\frac{\partial\dot{A}}{\partial y}\right)^2\right]\mathrm{d}x\mathrm{d}y + \frac{j\omega\sigma}{2}\int_S\dot{A}^2\mathrm{d}x\mathrm{d}y - \int_S\dot{J}_s\dot{A}\mathrm{d}x\mathrm{d}y \tag{3-35}$$

电力电缆金属屏蔽层区域的泛函如下：

$$F(\dot{A}) = \frac{1}{2\mu}\int_S\left[\left(\frac{\partial\dot{A}}{\partial x}\right)^2 + \left(\frac{\partial\dot{A}}{\partial y}\right)^2\right]\mathrm{d}x\mathrm{d}y + \frac{j\omega\sigma}{2}\int_S\dot{A}^2\mathrm{d}x\mathrm{d}y \tag{3-36}$$

非导电区域的泛函如下：

$$F(\dot{A}) = \int_S\left[\left(\frac{\partial\dot{A}}{\partial x}\right)^2 + \left(\frac{\partial\dot{A}}{\partial y}\right)^2\right]\mathrm{d}x\mathrm{d}y \tag{3-37}$$

以上泛函取极值的条件为：$\dfrac{\partial F}{\partial A} = 0$。

对平面域 D 进行离散化(剖分)处理时，可采用多种几何剖分与相应的分片插值的方法，本书采用三角形剖分与相应的三定点线性插值方法。

将电磁场的场域 D 剖分为有限个互不重叠的三角形有限单元，如图 3-2 所示。剖分时要求任一三角元的顶点必须同时也是其相邻三角元的定点，而不能是相邻三角元上的内点。当遇到不同媒介的分界线时，不容许有跨越分界线的三角元。剖分一直推延到边界 L，如边界为曲线，即以相应的边界三角元中的一条边予以逼近。三角元可大可小，考虑到计算精度的需要，应避免出现太尖或太钝的三角元，且应根据具体要求确定剖分密度。

对于三角元顶点的编号，出于压缩存储量、简化程序及减少计算量的考虑，宜以同一三角元三个顶点编号相差不太悬殊，依次连续编号为原则。当存在多种媒质时，则宜按物理性质区域划分，逐个区域按序连续编号。

对于土壤直埋电力电缆，电力电缆本体三角形剖分结果如图 3-3 所示。在整个场域内，计算的主要对象为电力电缆缆芯导体的温度，因而电力电缆本体剖分密度较大。为了减小计算量，周围土壤剖分密度相比电力电缆本体要小，如图 3-4 所示。

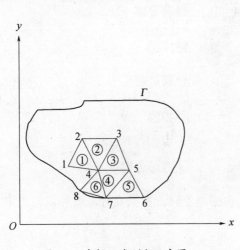 

图 3-2 求解场域剖分示意图　　　　图 3-3 电力电缆本体剖分示意图

对场域进行剖分后，泛函可用单元积分的总和表示，即

$$F(\dot{A}) = \sum_{e=1}^{e_0} F_e(\dot{A}) \tag{3-38}$$

式中，e_0 为场域内剖分单元总数。

设场域内按三角形剖分，在各个三角形元 e 内，分别给定对于 x、y 呈线性变化的插值函数

$$A^e(x,y) = \alpha_1 + \alpha_2 x + \alpha_3 y \tag{3-39}$$

38

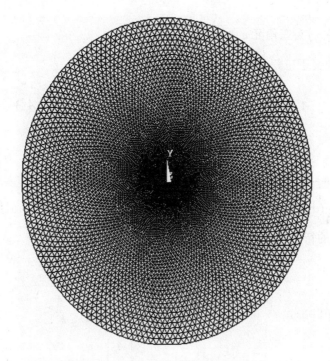

图 3-4　土壤直埋电力电缆整体剖分结构

式(3-39)中的 α_1、α_2 和 α_3 可由该三角元 e 的节点上的待求函数值与节点坐标决定，即按式(3-39)对 3 个节点列出待定函数值与其坐标之间的 3 个关系式，然后联立求解可得

$$\begin{cases} \alpha_1 = \dfrac{a_i A_i + a_j A_j + a_m A_m}{2\Delta} \\[2mm] \alpha_2 = \dfrac{b_i A_i + b_j A_j + b_m A_m}{2\Delta} \\[2mm] \alpha_3 = \dfrac{c_i A_i + c_j A_j + c_m A_m}{2\Delta} \end{cases} \tag{3-40}$$

式中，

$a_i = x_j y_m - x_m y_j$;

$b_i = y_j - y_m$;

$c_i = x_m - x_j$;

$a_j = x_m y_i - x_i y_m$;

$b_j = y_m - y_i$;

$c_j = x_i - x_m$;

$a_m = x_i y_j - x_j y_i$;

$b_m = y_i - y_j$;

$c_m = x_j - x_i$;

39

$\Delta = \dfrac{1}{2}(b_i c_j - b_j c_i)$ 为三角元 e 的面积。

于是，可得定义于三角元 e 上的线性插值函数为

$$A^e(x,y) = \frac{1}{2\Delta}[(a_i + b_i x + c_i y)A_i + (a_j + b_j x + c_j y)A_j + \qquad (3-41)$$
$$(a_m + b_m x + c_m y)A_m] = \sum_{i,j,m} A_s N_s^e(x,y)$$

式中，

$N_i^e(x,y) = \dfrac{1}{2\Delta}(a_i + b_i x + c_i y)$, $\quad i = 1,2,3$，称为三角元 e 上的线性插值的形状函数。

则式(3-38)中的待求位函数可表示为

$$A = \sum_{i=1}^{3} N_i^e A_i = N_e A_e \qquad (3-42)$$

由此，可得矩阵形式

$$A^e(x,y) = \begin{bmatrix} N_i^e & N_j^e & N_m^e \end{bmatrix} \begin{Bmatrix} A_i \\ A_j \\ A_m \end{Bmatrix} = [N]_e \{A\}_e \qquad (3-43)$$

相关的三角元的公共边及公共节点上函数数值相同，将每个三角元上构造的函数 $A^e(x,y)$ 拼合起来，就得到整个 D 域上的分片线性插值函数 $A^e(x,y)$。

这样，变分问题的离散化最终归结为一个线性代数方程组，即以 $\dot{A}$ 值为未知量的二维涡流场的有限元方程。

$$K\dot{A} + T\dot{A} = \dot{P} \qquad (3-44)$$

式中，对应于所选取的优先单元 e，其各单元矩阵、列向量的元素分别为

$$K_{ij}^e = \iint_{D_e} \frac{1}{\mu} \left(\frac{\partial N_i^e}{\partial x} \frac{\partial N_j^e}{\partial x} + \frac{\partial N_i^e}{\partial y} \frac{\partial N_j^e}{\partial y} \right) \mathrm{d}x\mathrm{d}y \qquad (3-45)$$

$$T_{ij}^e = \omega\sigma \iint_{D_e} N_i^e N_j^e \mathrm{d}x\mathrm{d}y \qquad (3-46)$$

$$P_l^e = \iint_{D_e} \dot{J}_s N_l^e \mathrm{d}x\mathrm{d}y \qquad (3-47)$$

对于三角形单元，系数矩阵 K_e 元素的一般表达式为

$$K_{rs}^e = K_{sr}^e = \frac{1}{4\mu\Delta}(b_r b_s + c_r c_s) \qquad (r,s = i,j,m) \qquad (3-48)$$

系数矩阵 T_e 元素的一般表达式为

$$T_{rs}^e = T_{sr}^e = \frac{\Delta}{12}\omega\sigma(1+\delta_{rs}) \quad (r,s=i,j,m) \tag{3-49}$$

系数矩阵 $\boldsymbol{P}_e$ 元素的一般表达式为

$$P_l^e = \frac{J_s^e \Delta}{3} \quad (l=i,j,m) \tag{3-50}$$

对于地下电力电缆电磁损耗的计算，如果磁导率 μ 和电导率 σ 均为常数，则式(3-43)为一线性方程组，可采用高斯消去法进行求解。其基本思想为：按序逐次消去未知量，把原来的方程组化为等价的三角形方程组，或者说，用矩阵行的初等变换将系数矩阵约化为简单的三角形矩阵；然后，按相反的顺序向上回代求解方程组。其计算过程可分为两步：第一步是正消过程，目的是把系数矩阵化为三角形矩阵；第二步是回代过程，目的是求解方程组的解。

求得各节点上的 $\dot{A}$，即可得导电区域内各单元重心上的涡流密度为

$$\dot{J}_c^e = \left(\sum_{r=1}^{3} -\mathrm{j}\omega\sigma\dot{A}_r\right)/3 \tag{3-51}$$

对于无激磁电流的导电区域(金属套、铠装层等)，总电流密度即为涡流密度。对于有激磁电流的缆芯导体，相应的总电流密度为

$$\dot{J}^e = \dot{J}_s^e + \dot{J}_c^e \tag{3-52}$$

计算导电区域各单元电流密度后，可以对面积进行积分，计算得导电区域的焦耳损耗。有激励电流导体区域的损耗为

$$P = \sigma^{-1}\int_S \dot{J}^{e2}\mathrm{d}S = \sigma^{-1}\int_S (\dot{J}_s^e + \dot{J}_c^e)^2\,\mathrm{d}S = \sigma^{-1}\sum(\dot{J}_s^e + \dot{J}_c^e)^2/S_e \tag{3-53}$$

无激励电流导体区域的损耗为

$$P = \sigma^{-1}\int_S \dot{J}_c^{e2}\mathrm{d}S = \sigma^{-1}\sum \dot{J}_c^{e2}/S_e \tag{3-54}$$

3.2.2　电力电缆电磁损耗 Bessel 函数计算方法[67,82]

有限元计算方法能够模拟实际的边界条件，能够计算更为复杂的敷设方式和排列方式，能够计算单回路和多回路单芯电力电缆的缆芯导体损耗、金属套损耗、铠装层损耗等，也能够计算多根多芯电力电缆的损耗。但有限元理论较为复杂，工程技术人员掌握有一定难度。对于单回路或多回路单芯电力电缆群，电力电缆的导体损耗、金属套损耗还可利用(贝塞尔)函数进行求解。

设电力电缆群由多根单芯交联聚乙烯电力电缆组成，单根电力电缆的敷设如图 3-1 所示。库仑规范下电力电缆各部分的矢量磁位方程如式(3-34)所示。

由于单芯电力电缆的结构为圆柱形，为了求解的方便，式(3-34)中给定的矢量磁位方程可用柱坐标形式表示，并写成 Bessel 方程标准柱坐标形式，即

$$\frac{\partial^2 A}{\partial r^2} + \frac{1}{r}\frac{\partial A}{\partial r} + \frac{1}{r^2}\frac{\partial^2 A}{\partial \theta^2} - m^2 A = 0 \tag{3-55}$$

设 $m_1^2 = \mathrm{j}\omega\mu_1\sigma_1$，$m_2^2 = \mathrm{j}\omega\mu_2\sigma_2$，$\sigma_1$ 和 σ_2 分别是导体和金属套的电阻率，μ_1 和 μ_2 是导体和金属套的磁导率，则导体区域和金属套区域的矢量磁位方程均满足 Bessel 方程的标准形式，因此可以用 Bessel 函数表达其解，即

$$\begin{cases} A(r,\theta) = \sum_{n=0}^{\infty} A_n I_n(m_1 r) \cdot \cos(n\theta) & \text{导体区域} \\[3mm] A(r,\theta) = \sum_{n=0}^{\infty} [B_n \cdot I_n(m_2 r) + C_n \cdot K_n(m_2 r)] \cdot \cos(n\theta) & \text{金属屏蔽层区域} \end{cases} \tag{3-56}$$

式中 A_n、B_n 和 C_n 为系数，由边界条件决定。I_n 和 K_n 是 Bessel 函数第一类和第二类展开式，r_1、r_2 和 r_3 分别是导体外半径、金属套的内半径和金属套的外半径，θ 是场内某点对参考轴的角度，$m_1 = \sqrt{\mathrm{j}\omega\mu_1\sigma_1}$，$m_2 = \sqrt{\mathrm{j}\omega\mu_2\sigma_2}$。

设 $x_1 = m_1 r_1$，$x_2 = m_2 r_2$，$x_3 = m_2 r_3$，对于单相电力电缆系统，电力电缆缆芯间距为 b，式(3-55)中各系数计算公式如下：

当 $n = 0$ 时，

$$A_0 = -\frac{\mu_0 I_c}{2\pi x_1} \cdot \frac{1}{I_1(x_1)}$$

$$B_0 = -\frac{\mu_0 I_s}{2\pi m_2 r_3} \cdot \frac{K_1(x_2)}{D_0} + \frac{\mu_0 I_c}{2\pi m_2 r_2 r_3}\left[\frac{r_2 K_1(x_2) - r_3 K_1(x_3)}{D_0}\right]$$

$$C_0 = -\frac{\mu_0 I_s}{2\pi m_2 r_3} \cdot \frac{I_1(x_2)}{D_0} + \frac{\mu_0 I_c}{2\pi m_2 r_2 r_3}\left[\frac{r_2 I_1(x_2) - r_3 I_1(x_3)}{D_0}\right]$$

$$D_0 = K_1(x_2)I_1(x_3) - I_1(x_2)K_1(x_3)$$

当 $n > 0$ 时，

$$A_n = \frac{\mu_0 I_c}{\pi x_1}\left(\frac{r_1}{b}\right)^n \cdot \frac{1}{I_{n-1}(x_1)} \cdot Z_n$$

$$B_n = \frac{\mu_0 I}{\pi m_2 r_3}\left(\frac{r_3}{b}\right)^n \cdot \frac{K_{n+1}(x_2) - \Delta_n \cdot K_{n-1}(x_2)}{D_n'}$$

$$C_n = \frac{\mu_0 I}{\pi m_2 r_3}\left(\frac{r_3}{b}\right)^n \cdot \frac{I_{n+1}(x_2) - \Delta_n \cdot I_{n-1}(x_2)}{D_n'}$$

$$Z_n = \frac{W_n}{D_n'}\left(\frac{r_1}{r_2}\right)^{n-1}$$

其中

$$I = -(I_c + I_s)$$

式中，

I_c——电力电缆缆芯电流，A；

I_s——金属套内电流，A。

由此可得电流密度的计算公式，即

$$\dot{J} = -\mathrm{j}\omega\mu\sigma \cdot \dot{A} \tag{3-57}$$

根据电流密度和导体电阻率可以计算出导体的损耗，同时导体损耗也可以由下式计算：

$$P_c = \frac{I_c^2}{\pi\sigma_1 r_1^2} \cdot (1 + Y_s + Y_p) \tag{3-58}$$

由于两者应该相等，可得趋肤效应和邻近效应的计算公式为

$$1 + Y_s = \frac{x_1}{2} \frac{ber(x_1) \cdot bei'(x_1) - bei(x_1) \cdot ber'(x_1)}{ber_1^2(x_1) + bei_1^2(x_1)} \tag{3-59}$$

$$Y_p = \frac{I^2}{I_c^2} \sum_{n=1}^{\infty} \Phi_M \cdot \left(\frac{r_1}{b}\right)^{2n} \cdot \frac{x_1[ber_n(x_1) \cdot bei_n'(x_1) - bei_n(x_1) \cdot ber_n'(x_1)]}{ber_{n-1}^2(x_1) + bei_{n-1}^2(x_1)} \cdot |Z_n|^2 \tag{3-60}$$

式中

$$\Phi_M = \frac{1}{I^2}\left[\sum_{k=1}^{M}\frac{I_k^2}{a_k^{2n}} + \sum_{k=1}^{M-1}\frac{I_k}{a_k^n}\left\{\sum_{j=k+1}^{M}\frac{I_j}{a_j^n} \cdot \cos(\varphi_k - \varphi_j) \cdot \cos n(\alpha_k - \alpha_j)\right\}\right]$$

$$D_n' = D_n - \Delta_n \cdot E_n$$

$$W_n = K_{n+1}(x_2)I_{n-1}(x_2) - I_{n+1}(x_2)K_{n-1}(x_2)$$

$$D_n = K_{n+1}(x_2)I_{n-1}(x_3) - I_{n+1}(x_2)K_{n-1}(x_3)$$

$$E_n = K_{n+1}(x_2)I_{n-1}(x_3) - I_{n-1}(x_2)K_{n-1}(x_3)$$

$$\Delta_n = \frac{I_{n+1}(x_1)}{I_{n-1}(x_1)} \cdot \left(\frac{r_1}{r_2}\right)^{2n}$$

金属套损耗可由下式计算：

$$P_s = P_{s0} + \frac{I^2}{\pi g_2 r_3^2} \sum_{n=1}^{\infty} \Phi_M \cdot \left(\frac{r_3}{b}\right)^{2n} \cdot \frac{F_n(x_2, x_3)}{|D_n'|^2} \tag{3-61}$$

式中

$$F_n(x_2, x_3) = N_{1n} \cdot N_{1n}^* \left[G_n(x_3) - G_n(x_2) \right] + N_{2n} \cdot N_{2n}^* \left[H_n(x_3) - H_n(x_2) \right] +$$

$$2(-1)^n \cdot \mathrm{Re}\{N_{1n} \cdot N_{2n}^*\} \cdot \left[L_n(x_3) - L_n(x_2) \right] -$$

$$2(-1)^n \cdot \mathrm{Im}\{N_{1n} \cdot N_{2n}^*\} \cdot \left[M_n(x_3) - M_n(x_2) \right]$$

$$N_{1n} = K_{n+1}(x_2) - \Delta_n \cdot K_{n-1}(x_2)$$
$$N_{2n} = I_{n+1}(x_2) - \Delta_n \cdot I_{n-1}(x_2)$$

$$G_n(x_3) = x_3 \cdot \left[ber_n(x_3) \cdot bei_n'(x_3) - bei_n(x_3) \cdot ber_n'(x_3) \right]$$

$$H_n(x_3) = x_3 \cdot \left[ker_n(x_3) \cdot kei_n'(x_3) - kei_n(x_3) \cdot ker_n'(x_3) \right]$$

$$L_n(x_3) = \frac{x_3}{2} \cdot [ber_n(x_3) \cdot kei_n'(x_3) + ker_n(x_3) \cdot bei_n'(x_3) - $$
$$kei_n(x_3) \cdot ber_n'(x_3) - bei_n(x_3) \cdot ker_n'(x_3)]$$

$$M_n(x_3) = \frac{x_3}{2} \cdot [bei_n(x_3) \cdot kei_n'(x_3) + ber_n(x_3) \cdot ker_n'(x_3) - $$
$$kei_n(x_3) \cdot bei_n'(x_3) - ker_n(x_3) \cdot ber_n'(x_3)]$$

且

$$P_{s0} = R_{sdc} I_s^2 \tag{3-62}$$

当电力电缆根数大于 2 根时,取其中任意两根电力电缆间距离为 b,其他电力电缆相对于 b 的倍数表示为 $b_k = a_k \cdot b$,其他电力电缆相对于这两根电力电缆连线的夹角为 α_k。

Bessel 函数可以计算平面内任意排列的电力电缆的缆芯和金属套损耗。

3.2.3 双端接地电力电缆群金属套环流计算[83]

当单芯电力电缆以双端接地方式敷设时,受电力电缆本身及附近电力电缆电流的影响,电力电缆金属套上产生感应电势,从而通过大地和金属套形成环流,在金属套内产生很强的环流损耗。在有些情况下,环流损耗比电力电缆线芯导体交流损耗还大。

无论是有限元方法,还是 Bessel 函数,在计算双端接地电力电缆群损耗时,都需要知道金属套中的环流。因此,快速、准确地计算单芯电力电缆双端接地时金属套环流对于计算电力电缆群电磁损耗具有重要的意义。

本书根据电磁感应的原理,利用电路的概念,给出了单芯电力电缆金属套环流的计算公式。

1. 单回路单芯电力电缆群金属套环流计算

单回路单芯电力电缆双端接地时,金属套受其他相电力电缆线芯电流和金属套环流的影响,产生方向相反的感应电势,通过两端的接地电阻和大地形成通路,从而产生环流。单芯电力电缆金属套的感应电势不但取决于电力电缆的负荷电流,同时也取决于回路内电力电缆的排列方式和线路的长度;甚至与邻近线路的排列方式、大地电阻率、接地电阻等有关。

图 3-5 给出了单芯电力电缆金属套至各相缆芯之间的中心距离表示的方法。

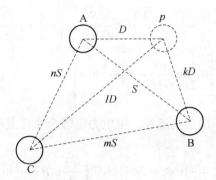

图 3-5 金属套感应电压计算模型

图 3-5 中 p 代表金属套，可以把它看成一根或三根线芯 A、B、C 平行的导体。这四根导体间相互间的中心距离用比率表示，即线芯 AB、BC 和 CA 之间的中心距离分别为 S、mS 和 nS；导体 p 与线芯 A、B、C 之间的中心距离分别为 D、kD 和 lD。

A、B、C 三相电力电缆缆芯导体电流在护套 p 上产生的磁通可由式(3-63)计算。其中 GMR_p 为金属套等效直径，即金属套平均直径 D_s。

$$\begin{cases} \dot{\varphi}_{pA} = 2 \times 10^{-4} \dot{I}_A \ln \dfrac{D}{GMR_p} \\[2mm] \dot{\varphi}_{pB} = 2 \times 10^{-4} \dot{I}_B \ln \dfrac{lD}{GMR_p} \\[2mm] \dot{\varphi}_{pC} = 2 \times 10^{-4} \dot{I}_C \ln \dfrac{kD}{GMR_p} \end{cases} \tag{3-63}$$

由此可得三相线芯电流在金属套内的总磁通为：$\dot{\varphi}_p = \dot{\varphi}_{pA} + \dot{\varphi}_{pB} + \dot{\varphi}_{pC}$。

当金属套与导体 A 圆心重合时，按照圆周和圆周内任一点的几何平均距离即是它半径的法则，有 $D = GMR_p$，于是有

$$\dot{\varphi}_p = 2 \times 10^{-4} \left[\dot{I}_B \ln \dfrac{S}{GMR_p} + \dot{I}_C \ln \dfrac{nS}{GMR_p} \right] \tag{3-64}$$

假定三相线芯电流是平衡的，即

$$\begin{cases} \dot{I}_A = I \\[2mm] \dot{I}_B = \left(-\dfrac{1}{2} - j\dfrac{\sqrt{3}}{2} \right) I \\[2mm] \dot{I}_C = \left(-\dfrac{1}{2} + j\dfrac{\sqrt{3}}{2} \right) I \end{cases} \tag{3-65}$$

将此三相电流代入上述 A 相缆芯磁通计算公式(3-64)后得

$$\dot{\varphi}_{p} = 2 \times 10^{-4} \left[\left(-\frac{1}{2} - j\frac{\sqrt{3}}{2} \right) I \ln \frac{S}{GMR_{p}} + \left(-\frac{1}{2} + j\frac{\sqrt{3}}{2} \right) I \ln \frac{nS}{GMR_{p}} \right]$$

$$= 2 \times 10^{-4} \left[-\frac{1}{2} \ln \frac{nS^2}{GMR_{s}} - j\frac{\sqrt{3}}{2} \ln n \right]$$

(3-66)

由此可得三相电力电缆缆芯电流在三根电力电缆金属套上的纵向感应电势：

$$\begin{cases} \dot{E}_{sA} = -j\omega\varphi_{p} = 2\omega I \times 10^{-4} \left[\frac{\sqrt{3}}{2} \ln n + j\frac{1}{2} \ln \frac{nS^2}{GMR_{s}^2} \right] \\ \dot{E}_{sB} = 2\omega I \times 10^{-4} \left[\frac{\sqrt{3}}{2} \ln \frac{mS}{G\ MR_{s}} - j\frac{1}{2} \ln \frac{S}{m \times GMR_{s}} \right] \\ \dot{E}_{sC} = 2\omega I \times 10^{-4} \left[-\frac{\sqrt{3}}{2} \ln \frac{mS}{G\ MR_{s}} - j\frac{1}{2} \ln \frac{n^2S}{m \times GMR_{s}} \right] \end{cases}$$

(3-67)

当电力电缆金属内存在环流时，本相金属套内感应电势还受其他两相电力电缆金属套内环流的影响。以 A 相护套为例，B、C 相电力电缆的护套环流在 A 相护套内也产生纵向感应电势。同理，A、C 相电力电缆的护套环流在 B 相护套内也产生纵向感应电势；A、B 相电力电缆的护套环流在 C 相护套内也产生感应电势。

电力电缆金属护套内环流引起的三相电力电缆金属套内感应电势为

$$\begin{cases} \dot{E}'_{sA} = \dot{I}_{sB} \cdot jX_1 L + \dot{I}_{sC} \cdot jX_2 L \\ \dot{E}'_{sB} = \dot{I}_{sA} \cdot jX_1 L + \dot{I}_{sC} \cdot jX_1 L \\ \dot{E}'_{sC} = \dot{I}_{sA} \cdot jX_2 L + \dot{I}_{sB} \cdot jX_1 L \end{cases}$$

(3-68)

式中，

X_1，X_2——互感，L；

L——电力电缆长度，m。

对于单回路"一"字形排列，$m = 1$，$n = 2$，S 为电力电缆间距，有

$$\begin{cases} X_1 = 2\omega \times 10^{-4} \ln \frac{D_e}{S} \\ X_2 = 2\omega \times 10^{-4} \ln \frac{D_e}{2S} \end{cases}$$

(3-69)

由此可得单回路单芯电力电缆的等效电路如图 3-6 所示。

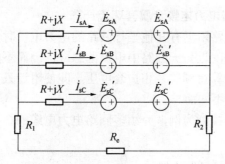

图 3-6　电力电缆双端接地护套环流等值电路

由图 3-6 可列出回路电压方程：

$$\begin{cases} \dot{I}_{sA}\left(R+jX\right)+\dot{I}_s(R_1+R_2+R_e)+\dot{E}'_{sA}=\dot{E}_{sA} \\ \dot{I}_{sB}\left(R+jX\right)+\dot{I}_s(R_1+R_2+R_e)+\dot{E}'_{sB}=\dot{E}_{sB} \\ \dot{I}_{sC}\left(R+jX\right)+\dot{I}_s(R_1+R_2+R_e)+\dot{E}'_{sC}=\dot{E}_{sC} \end{cases} \tag{3-70}$$

式中，

R_1，R_2——两端接地电阻，Ω；

R——电力电缆金属套电阻，Ω；

$R_e=R_g \cdot L$；

$R_g=0.0493\Omega/km$，为大地的漏电阻，Ω；

X——自感，$X=2\omega L \times 10^{-4}\ln\dfrac{D_e}{D_s}$，L；

D_e——电力电缆护套以大地为回路时回路的等值深度，m；

D_s——电力电缆金属套平均直径，m；

$\dot{I}_s=\dot{I}_{sA}+\dot{I}_{sB}+\dot{I}_{sC}$。

综合上述各式，并设 $R_a=R+R_1+R_2+R_e$，$R_b=R_1+R_2+R_e$。对式(3-70)按复数求解，可得计算金属屏蔽层环流的矩阵方程为

$$\begin{bmatrix} R_a & R_b & R_b & -X & -X_1 & -X_2 \\ R_b & R_a & R_b & -X_1 & -X & -X_1 \\ R_b & R_b & R_a & -X_2 & -X_1 & -X \\ X & X_1 & X_2 & R_a & R_b & R_b \\ X_1 & X & X_1 & R_b & R_a & R_b \\ X_2 & X_1 & X & R_b & R_b & R_a \end{bmatrix} \begin{bmatrix} I_{sAr} \\ I_{sBr} \\ I_{sCr} \\ I_{sAf} \\ I_{sBf} \\ I_{sCf} \end{bmatrix} = \begin{bmatrix} E_{sAr} \\ E_{sBr} \\ E_{sCr} \\ E_{sAf} \\ E_{sBf} \\ E_{sCf} \end{bmatrix} \tag{3-71}$$

其中下标 r 代表该值的实部，f 代表该值的虚部。

对方程(3-71)求解，即可得到单回路电力电缆群各电力电缆的金属屏蔽层环流。多回路电力电缆群的金属屏蔽层环流计算可根据上述方法推广。

2. 任意排列的双回路电力电缆金属套环流计算

当一回路电力电缆线路附近有其他平行回路的电力电缆时，如常见的双井电力电缆等，则它的护套将会受到附近另一回路中电流的感应，因而不能再用单回路的公式来计算其护套感应电压了。计算得到的各相护套电压，即使附近只有一个回路也会随这一回路中各个相的排列方式的不同而异。

以两回路"一"字形排列为例，介绍多回路电力电缆的金属套环流，排列方式如图 3-7 所示。

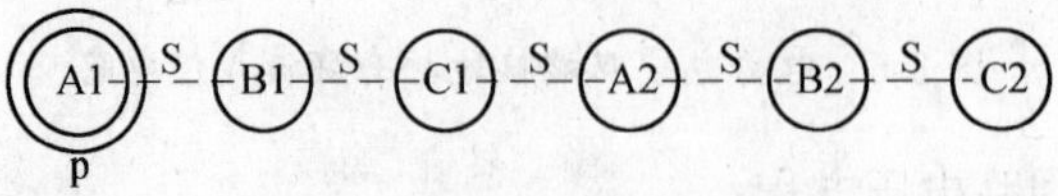

$$\text{(A1)} - S - \text{(B1)} - S - \text{(C1)} - S - \text{(A2)} - S - \text{(B2)} - S - \text{(C2)}$$

图 3-7 两回路"一"字形排列

将图 3-6 和式(3-70)扩展，即可得到双回路电压回路方程：

$$\begin{cases} \dot{I}_{sA1}\left(R+jX\right)+\dot{I}_s(R_1+R_2+R_e)+\dot{E}'_{sA1}=\dot{E}_{sA1} \\ \dot{I}_{sB1}\left(R+jX\right)+\dot{I}_s(R_1+R_2+R_e)+\dot{E}'_{sB1}=\dot{E}_{sB1} \\ \dot{I}_{sC1}\left(R+jX\right)+\dot{I}_s(R_1+R_2+R_e)+\dot{E}'_{sC1}=\dot{E}_{sC1} \\ \dot{I}_{sA2}\left(R+jX\right)+\dot{I}_s(R_1+R_2+R_e)+\dot{E}'_{sA2}=\dot{E}_{sA2} \\ \dot{I}_{sB2}\left(R+jX\right)+\dot{I}_s(R_1+R_2+R_e)+\dot{E}'_{sB2}=\dot{E}_{sB2} \\ \dot{I}_{sC2}\left(R+jX\right)+\dot{I}_s(R_1+R_2+R_e)+\dot{E}'_{sC2}=\dot{E}_{sC2} \end{cases} \tag{3-72}$$

式中，

$$\dot{I}_s = \dot{I}_{sA1} + \dot{I}_{sB1} + \dot{I}_{sC1} + \dot{I}_{sA2} + \dot{I}_{sB2} + \dot{I}_{sC2}$$

线芯电流在 A 相护套上产生的感应磁通为

$$\begin{cases} \dot{\varphi}_{pA1} = 2\times10^{-4}\,\dot{I}_A\ln\dfrac{S}{GMR_p} \\[2mm] \dot{\varphi}_{pB1} = 2\times10^{-4}\,\dot{I}_B\ln\dfrac{1S}{GMR_p} \\[2mm] \dot{\varphi}_{pC1} = 2\times10^{-4}\,\dot{I}_C\ln\dfrac{2S}{GMR_p} \\[2mm] \dot{\varphi}_{pA2} = 2\times10^{-4}\,\dot{I}_A\ln\dfrac{3S}{GMR_p} \\[2mm] \dot{\varphi}_{pB2} = 2\times10^{-4}\,\dot{I}_B\ln\dfrac{4S}{GMR_p} \\[2mm] \dot{\varphi}_{pC2} = 2\times10^{-4}\,\dot{I}_C\ln\dfrac{5S}{GMR_p} \end{cases} \tag{3-73}$$

设三相电流平衡且两回路电流相等，则线芯电流在 A 相护套上产生的纵向感应电压为

$$\begin{cases} \dot{E}_{SA1} = 2\omega I \times 10^{-4} \left[\dfrac{\sqrt{3}}{2} \ln 2.5 + j\dfrac{1}{2} \ln \dfrac{20S^2}{9GMR_s^2} \right] \\[3mm] \dot{E}_{SB1} = 2\omega I \times 10^{-4} \left[\dfrac{\sqrt{3}}{2} \ln \dfrac{4S}{3GMR_s} - j\dfrac{1}{2} \ln \dfrac{S}{3GMR_s} \right] \\[3mm] \dot{E}_{SC1} = 2\omega I \times 10^{-4} \left[-\dfrac{\sqrt{3}}{2} \ln \dfrac{2S}{3GMR_s} - j\dfrac{1}{2} \ln \dfrac{4S}{6GMR_s} \right] \\[3mm] \dot{E}_{SA2} = 2\omega I \times 10^{-4} \left[\dfrac{\sqrt{3}}{2} \ln 1 + j\dfrac{1}{2} \ln \dfrac{4S^2}{9GMR_s^2} \right] \\[3mm] \dot{E}_{SB2} = 2\omega I \times 10^{-4} \left[\dfrac{\sqrt{3}}{2} \ln \dfrac{2S}{3GMR_s} - j\dfrac{1}{2} \ln \dfrac{8S}{3GMR_s} \right] \\[3mm] \dot{E}_{SC2} = 2\omega I \times 10^{-4} \left[-\dfrac{\sqrt{3}}{2} \ln \dfrac{4S}{3GMR_s} - j\dfrac{1}{2} \ln \dfrac{10S}{3GMR_s} \right] \end{cases} \tag{3-74}$$

各相护套受其他相护套环流产生的纵向感应电势为

$$\begin{bmatrix} E'_{s1} \\ E'_{s2} \end{bmatrix} = \begin{bmatrix} E'_{s11} \\ E'_{s21} \end{bmatrix} + \begin{bmatrix} E'_{s12} \\ E'_{s22} \end{bmatrix} \tag{3-75}$$

式中，

$$\boldsymbol{E}'_{s1} = \begin{bmatrix} E'_{sA1} & E'_{sB1} & E'_{sC1} \end{bmatrix}^{\mathrm{T}}$$

$$\boldsymbol{E}'_{s2} = \begin{bmatrix} E'_{sA2} & E'_{sB2} & E'_{sC2} \end{bmatrix}^{\mathrm{T}}$$

$$\boldsymbol{E}'_{s11} = \begin{bmatrix} I_{sB1} \cdot jX_1 L + I_{sC1} \cdot jX_2 L \\ I_{sA1} \cdot jX_1 L + I_{sC1} \cdot jX_1 L \\ I_{sA1} \cdot jX_2 L + I_{sB1} \cdot jX_1 L \end{bmatrix}$$

$$\boldsymbol{E}'_{s12} = \begin{bmatrix} I_{sA2} \cdot jX_3 L + I_{sB2} \cdot jX_4 L + I_{sC2} \cdot jX_5 L \\ I_{sA2} \cdot jX_2 L + I_{sB2} \cdot jX_3 L + I_{sC2} \cdot jX_4 L \\ I_{sA2} \cdot jX_1 L + I_{sB2} \cdot jX_2 L + I_{sC2} \cdot jX_3 L \end{bmatrix}$$

$$\boldsymbol{E}'_{s21} = \begin{bmatrix} I_{sA1} \cdot jX_3 L + I_{sB1} \cdot jX_2 L + I_{sC1} \cdot jX_1 L \\ I_{sA1} \cdot jX_4 L + I_{sB1} \cdot jX_3 L + I_{sC1} \cdot jX_2 L \\ I_{sA1} \cdot jX_5 L + I_{sB1} \cdot jX_4 L + I_{sC1} \cdot jX_3 L \end{bmatrix}$$

$$\boldsymbol{E}'_{s22} = \begin{bmatrix} I_{sB2} \cdot jX_1 L + I_{sC2} \cdot jX_2 L \\ I_{sA2} \cdot jX_1 L + I_{sC2} \cdot jX_1 L \\ I_{sA2} \cdot jX_2 L + I_{sB2} \cdot jX_1 L \end{bmatrix}$$

双回路金属套环流的矩阵方程为

$$\begin{bmatrix} R & X' \\ -X' & R \end{bmatrix} \begin{bmatrix} I_{sr} \\ I_{sf} \end{bmatrix} = \begin{bmatrix} E_{sr} \\ E_{sf} \end{bmatrix}$$ (3-76)

式中，

$$R = \begin{bmatrix} R_a & R_b & R_b & R_b & R_b & R_b \\ R_b & R_a & R_b & R_b & R_b & R_b \\ R_b & R_b & R_a & R_b & R_b & R_b \\ R_b & R_b & R_b & R_a & R_b & R_b \\ R_b & R_b & R_b & R_b & R_a & R_b \\ R_b & R_b & R_b & R_b & R_b & R_a \end{bmatrix}$$

$$X' = \begin{bmatrix} -X & -X_1 & -X_2 & -X_3 & -X_4 & -X_5 \\ -X_1 & -X & -X_1 & -X_2 & -X_3 & -X_4 \\ -X_2 & -X_1 & -X & -X_1 & -X_2 & -X_3 \\ -X_3 & -X_2 & -X_1 & -X & -X_1 & -X_2 \\ -X_4 & -X_3 & -X_2 & -X_1 & -X & -X_1 \\ -X_5 & -X_4 & -X_3 & -X_2 & -X_1 & -X \end{bmatrix}$$

$$I_{sf} = \begin{bmatrix} I_{sA1f} & I_{sB1f} & I_{sC1f} & I_{sA2f} & I_{sB2f} & I_{sC2f} \end{bmatrix}^T$$

$$I_{sr} = \begin{bmatrix} I_{sA1r} & I_{sB1r} & I_{sC1r} & I_{sA2r} & I_{sB2r} & I_{sC2r} \end{bmatrix}^T$$

$$E_{sf} = \begin{bmatrix} E_{sA1f} & E_{sB1f} & E_{sC1f} & E_{sA2f} & E_{sB2f} & E_{sC2f} \end{bmatrix}^T$$

$$E_{sr} = \begin{bmatrix} E_{sA1r} & E_{sB1r} & E_{sC1r} & E_{sA2r} & E_{sB2r} & E_{sC2r} \end{bmatrix}^T$$

损耗可由下式计算

$$\begin{cases} W_{sA1} = (I_{sA1r}{}^2 + I_{sA1f}{}^2)R \\ W_{sB1} = (I_{sB1r}{}^2 + I_{sB1f}{}^2)R \\ W_{sC1} = (I_{sC1r}{}^2 + I_{sC1f}{}^2)R \\ W_{sA2} = (I_{sA2r}{}^2 + I_{sA2f}{}^2)R \\ W_{sB2} = (I_{sB2r}{}^2 + I_{sB2f}{}^2)R \\ W_{sC2} = (I_{sC2r}{}^2 + I_{sC2f}{}^2)R \end{cases}$$ (3-77)

3.2.4 交叉互连接地电力电缆群电磁损耗计算

当电力电缆线芯通以电流时，金属套内将产生感应电势。当金属套双端接地时，金属套与大地构成回路，从而在金属套中形成环流，产生较大环流损耗。当金属套单端接

50

地时，金属套不构成环流，金属套内会产生较高的感应电压，甚至高达数百伏，会危及人身和设备的安全。

为了降低金属套感应电压，工程中经常将护套在适当长度处在电气上加以断开，然后将不同相的各小段的金属套相互交叉连接，如图 3-8 所示，称为交叉互连接地。

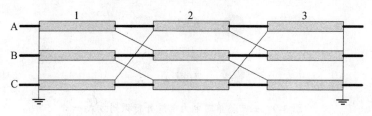

图 3-8　交叉互连接地

以图 3-8 所示，电力电缆由三段组成，交叉互连接地时，三个小段护套长度相等，每小段中的三相护套感应电压可由式(3-71)计算。则三个与大地构成的回路中，护套内的感应电压均可表示为

$$\dot{E} = \dot{E}_{1sA} + \dot{E}_{2sB} + \dot{E}_{3sC} = 2\omega I \times 10^{-4}\left[\frac{\sqrt{3}}{2}\ln n + j\frac{1}{2}\ln\frac{1}{n}\right] \tag{3-78}$$

当电力电缆成对称排列时，$n=1$，则式(3-78)计算结果为 0，即护套内没有环流；当电力电缆线芯与护套同时进行换位时，护套内感应电压也为 0，即护套内没有环流；当电力电缆排列不对称且电力电缆线芯未换位时，护套电压可由式(3-78)计算。

设线芯电流为 750A，电力电缆长度为 300m，电力电缆间距为 220mm，电力电缆几何平均间距为 GMR_p=44.04mm，则未交叉前的三相护套电压为

$$\dot{E}_{sA} = 8.48+j27.64 \quad \dot{E}_{sB} = 19.7-j11.37 \quad \dot{E}_{sC} = -19.7-j21.17$$

交叉互连后，护套合成电压为

$$\dot{E} = \dot{E}_{1sA} + \dot{E}_{2sB} + \dot{E}_{3sC} = \frac{1}{3}(\dot{E}_{sA} + \dot{E}_{sB} + \dot{E}_{sC}) = 2.83-j1.6$$

与未交叉前相比，护套内的合成电压大大减小，同时循环电流必须通过护套电阻、接地电阻、大地电阻，故而护套内循环电流很小，一般可以忽略不计。

因而交叉互连接地时金属套内仅考虑涡流损耗，其温度场和载流量的计算与单端接地时等同。

3.3　电力电缆电磁损耗计算方法的验证

3.3.1　单端接地电力电缆群电磁损耗

三回路并行排列单芯电力电缆如图 3-9 所示。电力电缆型号为 225 kV 800mm² 聚乙烯铝芯电力电缆，金属套内径为 81.4mm，金属套外径为 87.4mm，电力电缆间距为 220mm。

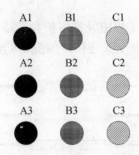

图 3-9   三回路单芯电力电缆并行排列方式一

当电力电缆通以 1000A 电流时，各种方法计算及试验而得的中间电力电缆(如图 3-9 中电力电缆 B2)的线芯导体损耗、金属套损耗见表 3-1。

表 3-1   损耗计算结果与试验结果对比(W/m)

方 法	试验[84]	FEM	Bessel	IEC	IMAI[84]	MILLER[84]
金属套损耗	10.05	11.6	11.9		13.7	14.3
线芯导体损耗		26.54	26.09	23.53		

由表 3-1 可知，对于金属套损耗，MILLER 法计算误差为+42.3％；IMAI 法计算误差为+36.6％；FEM 法计算误差为+15.4％；Bessel 函数计算误差为+18.4％。对于线芯导体损耗，FEM 计算结果与 IEC-60287 相比，误差为+12.8％；Bessel 函数计算结果与 IEC-60287 相比，误差为+10.88%。由于 IEC 没有计算三回路电力电缆群线芯导体损耗的公式，上述计算结果为单回路线芯导体损耗计算结果，而三回路电力电缆群电力电缆间的电磁感应更加强烈，导体损耗会比 IEC 计算结果要大。

综上所述，利用有限元法和 Bessel 函数计算电力电缆群电磁损耗完全满足温度场和载流量计算的要求，其中有限元法精度更高。

3.3.2   双端接地电力电缆金属套环流

某电厂 110 kV 800mm² XLPE 电力电缆单芯电力电缆，全长 749m，导体直径为 34mm，金属套护套内径为 85.9mm，外径为 89.9mm，电力电缆间距为 250mm。金属套护套两端均直接接地。在负荷电流为 110A 时，用钳形电流表实测三相护套环流与用电路模型计算的护套环流的有效值如表 3-2 所示。计算值与试验值的最大误差为+7.2%，利用电路模型计算环流可以满足温度场和载流量的需要。

表 3-2   环流计算结果与试验结果对比

相别	试验值(A)	计算值(A)	误差
A	97	95.6	-1.4%
B	92	98.6	+7.2%
C	116	110.9	-4.4%

3.4 多回路电力电缆群电磁损耗计算及影响因素分析

以 800mm^2 YJLW02 XPLE 电力电缆为例，电力电缆参数如表 3-3 所示。

表 3-3　电力电缆结构参数

结 构 名 称	参数(mm)
导体直径	34
绝缘层厚度	20
金属屏蔽层厚度	2
外护层厚度	3
电力电缆外径	84

影响电力电缆群损耗的因素包括排列方式、接地方式、多回路等，本书计算几种主要影响因素下的电力电缆导体和金属套损耗。

3.4.1　三回路并行排列

当电力电缆群排管敷设时，电力电缆往往以三回路并行排列的方式敷设于排管内。三回路单芯电力电缆敷设于 3×3 排管内时，电力电缆的分布情况如图 3-10 所示，排管间距为 200mm。

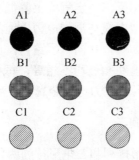

图 3-10　三回路单芯电力电缆并行排列方式二

当三回路电力电缆通以 500A 三相平衡电流时，三回路并行排列单芯电力电缆在单端和双端接地情况下的导体和金属套损耗有限元计算结果如表 3-4 所示，Bessel 函数计算结果如表 3-5 所示。

IEC-60287 仅给出了单回路三根电力电缆下电力电缆导体交流电阻的计算公式，即趋肤效应和邻近效应计算公式，以及双回路平面排列金属套涡流损耗因数计算公式。当电力电缆间距为 200mm 时，上述电力电缆导体损耗 IEC-60287 计算结果为 5.7W/m。与表 3-4 相比，最大偏差为 6.1%，但用有限元可以计算每一根电力电缆的损耗，而 IEC-60287 却不能区分这种差别。因此，相对于 IEC-60287，有限元可以计算出多回路电力电缆群中每一根电力电缆的损耗分布情况，适用于更加广泛的场合，也弥补了 IEC-60287 的不足。

表 3-5 与表 3-4 相比，导体损耗最大偏差为 1.7%，金属套损耗最大偏差为 2.4%。因此，有限元与 Bessel 函数两种方法都可以用于电力电缆电磁损耗的计算，偏差在工程允许范围之内，而 Bessel 函数为工程技术人员提供了一种较为简便的计算方法。

表 3-4　三回路并行排列电力电缆损耗有限元计算结果（W）

相别	双 端 接 地		单 端 接 地	
	导体损耗	金属套损耗	导体损耗	金属套损耗
A1	5.70	9.84	5.79	0.61
B1	5.70	10.65	5.97	1.80
C1	5.70	14.52	5.78	0.61
A2	5.70	10.07	5.79	0.70
B2	5.71	11.38	6.05	2.37
C2	5.70	15.78	5.79	0.70
A3	5.70	9.84	5.79	0.61
B3	5.70	10.65	5.97	1.80
C3	5.70	14.52	5.78	0.61

表 3-5　三回路并行排列单端接地电力电缆损耗 Bessel 计算结果（W）

相别	导体损耗	金属套损耗
A1	5.7705	0.6078
B1	5.8823	1.8286
C1	5.7705	0.6078
A2	5.7883	0.7076
B2	5.9506	2.4271
C2	5.7883	0.7076
A3	5.7705	0.6078
B3	5.8823	1.8286
C3	5.7705	0.6078

由上述两表可知，双端接地时的导体损耗比单端接地时要小，而金属套损耗正好相反，且金属套损耗大于导体损耗。在双端接地时，金属套内存在环流，因而产生环流损耗，而单端接地时金属套内仅存在涡流损耗，故双端接地时金属套损耗要大。金属套内环流方向通常与导体的电流方向相反，一定程度上降低了电力电缆间的电磁感应，故双端接地时导体损耗要小。中间电力电缆与周围电力电缆的距离都比较近，受到的电磁感应最强烈，因而导体损耗都是最大的，且同一回路内，由于电力电缆间相对间距不等，造成金属套内产生的感应电势幅值和相位均不相等，每相电力电缆金属套内产生的环流不相等，环流损耗不等，通常滞后相电力电缆金属套环流损耗最大。

3.4.2　排列方式对损耗的影响

电力电缆群通常有"一"字形排列和三角形排列两种方式，如图 3-11 所示。

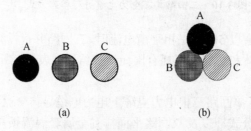

图 3-11　单回路单芯电力电缆排列方式

(a)"一"字形；(b) 三角形。

单端接地时两种排列方式下电力电缆导体损耗和金属套损耗如表 3-6 所示。双端接地时两种排列方式下电力电缆导体损耗和金属套损耗如表 3-7 所示。

54

表 3-6   两种排列方式下单回路单芯电力电缆单端接地损耗(W/m)

相别	"一"字形		三 角 形	
	导体损耗	金属套损耗	导体损耗	金属套损耗
A1	5.71	0.17	5.93	1.74
B1	5.78	0.63	5.96	1.95
C1	5.71	0.17	5.95	1.87

由表 3-6 可知，当电力电缆金属套单端接地时，在三角形排列方式下，电力电缆间距较近，回路内电力电缆间电磁感应较强烈，因而损耗较大。

表 3-7   两种排列方式下单回路单芯电力电缆双端接地损耗(W/m)

相别	"一"字形		三 角 形	
	导体损耗	金属套损耗	导体损耗	金属套损耗
A1	5.69	9.60	5.81	6.03
B1	5.70	10.08	5.82	5.67
C1	5.69	13.59	5.82	5.82

由表 3-7 可知，在电力电缆金属套双端接地时，三角形排列方式下电力电缆间相对间距相等，金属套内产生的感应电势幅值基本相同，因而环流损耗基本相等。而"一"字形排列方式下电力电缆相对间距不等，不同相电力电缆金属套内产生的感应电势不同，因而三相电力电缆金属套内环流损耗不同。

3.4.3   间距对损耗的影响

图 3-12 给出了"一"字形排列方式下，通以 1000A 三相平衡电流时，单回路单芯电力电缆金属套单端接地和双端接地时损耗与间距的关系。

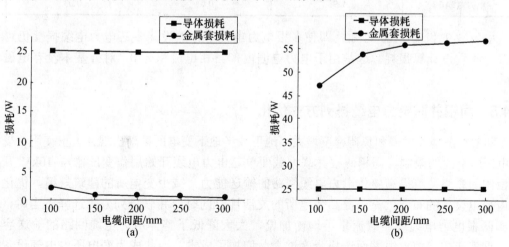

图 3-12   不同间距电力电缆损耗曲线

(a) 单端接地；(b) 双端接地。

单端接地电力电缆，随间距增大，电力电缆间电磁感应减弱，因而邻近效应和涡流效应均减小，因而导体损耗和金属套损耗均减小。双端接地电力电缆，随间距增大，不同相产生的感应电势更不平衡，感应电势差增大，因而金属套环流增大，环流损耗增大，而导体损耗由于邻近效应的减小而减小。

3.4.4 多根多芯电力电缆损耗

以 8.5/15 kV 400mm² YJV22 XPLE 电力电缆为例，电力电缆参数如表 3-8 所示，表 3-9 给出了单根电力电缆在通以 200A 电流时电力电缆各部分损耗，表 3-10 给出了电力电缆间距为 200mm 时三根电力电缆"一"字形排列时电力电缆各部分损耗。

表 3-8　电力电缆结构参数

结 构 名 称	参数(mm)	结 构 名 称	参数(mm)
导体直径	23.8	包带厚度	0.3
绝缘层厚度	4.5	钢带厚度	1
金属屏蔽层厚度	0.2	外护层厚度	3.4

表 3-9　单根三芯电力电缆各部分损耗(W/m)

导体损耗	金属套损耗	铠装层损耗
1.93	0.03	0.03

表 3-10　三根三芯电力电缆"一"字形排列各部分损耗(W/m)

电力电缆序号	导体损耗	金属套损耗	铠装层损耗
电力电缆1	1.93	0.03	0.03
电力电缆2	1.93	0.03	0.03
电力电缆3	1.93	0.03	0.03

由表 3-9 和表 3-10 可知，即使多根电力电缆平行敷设，多芯电力电缆损耗仍可以按分离敷设计算损耗。这是由于电力电缆内部三相电流和为 0，对外基本没有电磁影响。

3.4.5 同相并联电力电缆排列方式优化[85]

随着经济建设发展和负荷密度增大，地下或半地下变电所逐渐出现并大量使用。受变电所内空间的限制，同相两根并联大截面单芯电力电缆开始用作变压器与 10kV 开关柜间的联络，可提高整体电力电缆回路的输送能力，减少变电所的建筑规模，优化所内变电设备的布置，充分提高变电所的灵活性。同时，并联排列方式选择不当时，同相两根电力电缆线路载流量不均衡加剧，大大降低了整体电力电缆回路的输送容量。这就造成电力电缆截面选择余度过大，增加了成本，因此成为变电所内电气设备的传输瓶颈。

图 3-13 给出了 6 种同相并联两回路电力电缆的布置图。

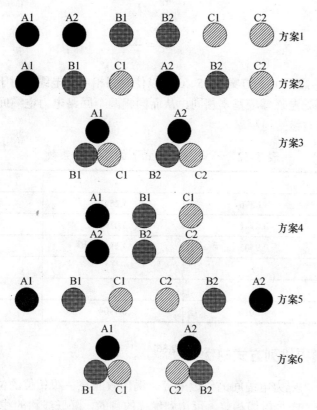

图 3-13　同相并联电力电缆布置图

针对变电所内可能出现的几种同相并联两回路电力电缆的形式，计算了 6 种方案下电流在同相两根电力电缆间的分配关系，给出了 3 种较优的排列方式，降低了建设成本。表 3-11 给出了电流在电力电缆间的分配结果。

表 3-11　不同排列方式下电力电缆的载流量(A)

方案	I_{A1}	I_{A2}	I_{B1}	I_{B2}	I_{C1}	I_{C2}
1	514	486	555.8	444.2	573.3	426.7
2	466.4	533.6	504.7	495.3	553.6	446.4
3	487.3	512.7	543.8	456.2	533.4	466.6
4	500	500	500	500	500	500
5	500	500	500	500	500	500
6	500.4	499.6	497.6	502.4	501.7	498.3

表 3-12 给出了同相并联两根电力电缆电流分配的不平衡系数。表 3-12 中 k_A、k_B、k_C 分别代表 A、B、C 相两根并联电力电缆载流量的不平衡系数。其计算公式如下：

$$k_A = \frac{I_{A1}}{I_{A2}}$$

$$k_B = \frac{I_{B1}}{I_{B2}}$$

$$k_C = \frac{I_{C1}}{I_{C2}}$$

由表 3-11 和 3-12 可知，方案 4、5、6 可以使得同相电力电缆相对于其他电力电缆的位置相同，所受到的电磁感应基本相同，从而同相两个回路电力电缆间的电流可以平均分配，提高了电力电缆的利用率。

表 3-12　不同排列方式下的不平衡系数

方案	k_A	k_B	k_C
1	1.0576	1.2512	1.3437
2	0.8741	1.0190	1.2406
3	0.9505	1.1920	1.1437
4	1	1	1
5	1	1	1
6	1.0016	0.9904	1.0068

3.4.6　电力电缆群排列方式的优化[82,86]

在集群方式下，电力电缆间的邻近效应、涡流效应往往跟相位的位置关系密切，调整不同位置、回路的电力电缆相位，可达到优化的目的，降低线路的线损，提高载流量。

以 110kV800mm² YJY 型交联聚乙烯电力电缆为例，电力电缆间距为 250mm。利用 Bessel 函数分别计算了双回路上下两层排列、双回路水平排列方式下，不同相位排列方式时的邻近效应系数。双回路电力电缆上下两层排列时的邻近效应计算结果如表 3-13 所示。三种相位排列方式下，均是 B1 相邻近效应系数最大，但相比较而言，方案二的 B1 相邻近效应系数最小，即在此种排列方式下，应选择方案二给出的排列方式。

表 3-13　双回路上下两层邻近效应

排列方式		邻近效应最大相及其值	备　注
方案一	A1 B1 C1	B1　0.237	
	A2 B2 C2		
方案二	A1 B1 C1	B1　0.211	方案二邻近效应最小
	B2 A2 C2		
方案三	A1 B1 C1	B1　0.264	
	B2 C2 A2		

双回路电力电缆水平排列时的邻近效应计算结果如表 3-14 所示。四种相位排列方式下，均是 C1 相邻近效应系数最大，但相比较而言，方案四的 C1 相邻近效应系数最小，即在此种排列方式下，应选择方案四给出的排列方式。

表 3-14　双回路水平排列邻近效应

排列方式		邻近效应最大相及其值	备注
方案一	A1 B1 C1 A2 B2 C2	C1 0.150	
方案二	A1 B1 C1 B2 A2 C2	C1 0.173	方案四邻近效
方案三	A1 B1 C1 B2 C2 A2	C1 0.165	应最小
方案四	A1 B1 C1 C2 B2 A2	C1 0.120	

以图 3-10 所示三回路并行电力电缆单端接地为例，表 3-15 给出了电力电缆间距为 200mm 时几种相位排列方式下的导体损耗和金属套损耗。

表 3-15　三回路并行电力电缆不同相位排列下的损耗(W/m)

排列方式	回路 1(导体/金属套)	回路 2(导体/金属套)	回路 3(导体/金属套)
A1 A2 A3	5.7854/0.6416(A1)	5.7889/0.6719(A2)	5.7854/0.6416(A3)
B1 B2 B3	5.9657/1.8017(B1)	6.0526/2.3659(B2)	5.9657/1.8017(B3)
C1 C2 C3	5.7804/0.6092(C1)	5.7882/0.6018(C2)	5.7804/0/6092(C3)
A1 A2 A3	5.7858/0.6449(A1)	5.7997/0.7435(A2)	5.7801/0.6091(A3)
B1 B2 C3	5.9340/1.5960(B1)	6.0045/2.0483(B2)	5.9174/1.4856(B3)
C1 C2 B3	5.7480/0.3986(C1)	5.7412/0.3527(C2)	5.7234/0.2378(C3)
A1 A2 B3	5.7525/0.4285(A1)	5.7386/0.3391(A2)	5.7203/0.2167(A3)
B1 B2 A3	5.9356/1.6059(B1)	6.0267/2.1883(B2)	5.9059/1.4120(B3)
C1 C2 C3	5.7801/0.6079(C1)	5.7781/0.6035(C2)	5.7951/0.7065(C3)
A1 A2 B3	5.7357/0.3193(A1)	5.7689/0.5321(A2)	5.7503/0.4166(A3)
B1 B2 C3	5.8755/1.2198(B1)	5.8630/1.1430(B2)	5.7695/0.5366(B3)
C1 C2 A3	5.7544/0.4417(C1)	5.7849/0.6379(C2)	5.7232/0.2363(C3)
A1 A2 C3	5.7597/0.4786(A1)	5.7867/0.6543(A2)	5.7273/0.2642(A3)
B1 B2 A3	5.8778/1.2371(B1)	5.8808/1.2584(B2)	5.7826/0.6243(B3)
C1 C2 B3	5.7373/0.3060(C1)	5.7728/0.5583(C2)	5.7566/0.4604(C3)
A1 A2 C3	5.7449/0.3788(A1)	5.8170/0.8432(A2)	5.7554/0.4481(A3)
B1 B2 B3	5.8528/1.0752(B1)	5.7753/0.5951(B2)	5.7081/0.1515(B3)
C1 C2 A3	5.7411/0.3549(C1)	5.8121/0.8107(C2)	5.7625/0.4940(C3)
A1 A2 A3	5.7779/0.5941(A1)	5.7864/0.6579(A2)	5.7751/0.5771(A3)
B1 C2 B3	5.9104/1.4386(B1)	5.9602/1.7618(B2)	5.9248/1.5318(B3)
C1 B2 C3	5.7206/0.2181(C1)	5.6907/0.0290(C2)	5.7215/0.2253(C3)
A1 B2 A3	5.7244/0.2451(A1)	5.7354/0.3303(A2)	5.7285/0.2715(A3)
B1 C2 B3	5.7962/0.7083(B1)	5.7888/0.6652(B2)	5.8040/0.7596(B3)
C1 A2 C3	5.7279/0.2718(C1)	5.6989/0.0845(C2)	5.7311/0.2933(C3)
A1 B2 A3	5.7264/0.2553(A1)	5.6929/0.0435(A2)	5.7293/0.2738(A3)
B1 A2 B3	5.9059/1.4107(B1)	5.9758/1.8620(B2)	5.9046/1.4038(B3)
C1 C2 C3	5.7756/0.5792(C1)	5.7689/0.5451(C2)	5.7874/0.6558(C3)

排列方式	回路1(导体/金属套)	回路2(导体/金属套)	回路3(导体/金属套)
A1 C2 A3	5.7301/0.2862(A1)	5.7013/0.1006(A2)	5.7292/0.2812(A3)
B1 A2 B3	5.7974/0.7158(B1)	5.7731/0.5643(B2)	5.7915/0.6786(B3)
C1 B2 C3	5.7209/0.2226(C1)	5.7215/0.2416(C2)	5.7229/0.2362(C3)
A1 C2 A3	5.7384/0.3392(A1)	5.7504/0.4251(A2)	5.7400/0.3497(A3)
B1 B2 B3	5.7461/0.3938(B1)	5.6883/0.0334(B2)	5.7447/0.3871(B3)
C1 A2 C3	5.7336/0.3078(C1)	5.7418/0.3695(C2)	5.7383/0.3387(C3)

由表 3-15 可知，最后一种相位排列方式下，三个 A 相电流对于 B2 电力电缆来说，地理位置都处于一个接近平衡的位置，而三者相位相等，因而对 B2 的电磁影响最弱。同理，三个 C 相电力电缆在这种排列方式下对 B2 的电磁影响也是最弱；B1 和 B3 对 B2 的影响也是最弱。因此，这种相位排列方式下，B2 相电力电缆的损耗最小。

上述各种损耗影响因素分析均采用有限元法进行计算。

3.5 钢管损耗

以单回路"一"字形排列电力电缆为例，设电力电缆敷设于钢管内，钢管内径是电力电缆外径的 1.5 倍，钢管厚度为 2mm，钢管的电阻率为 $9.09 \times 10^{-7} \Omega \cdot m$，电力电缆导体损耗、金属套损耗、钢管损耗如表 3-16 所示。

表 3-16 单回路"一"字形排列单端接地电力电缆损耗，间距 200mm(W/m)

相别	导体损耗	金属套损耗	钢管损耗
A1	5.71	0.17	0.08
B1	5.78	0.62	0.17
C1	5.71	0.15	0.08

由表 3-16 与表 3-5 数据对比可知，当电力电缆敷设于不锈钢管内时，在导体和金属套损耗基本不变的基础上，钢管本身也将产生一定的损耗，造成载流量的降低。

3.6 计算例程

3.6.1 Bessel 函数计算电力电缆导体损耗程序

高压电力电缆往往都是单芯电力电缆，无论是土壤直埋，还是排管、沟槽和隧道敷设方式，多回路电力电缆群缆芯导体电磁损耗均可以采用 Bessel 函数进行计算。下面的程序是采用 VB6.0 编写的任意根数单芯电力电缆缆芯导体损耗的计算程序。

电力电缆回路数 n1loop、各回路电力电缆电流、电力电缆间的间距和电力电缆的结构参数都事先给定。

```vb
Function Conductorloss()
    Dim a(), alfa(), fai(), Ampere() As Double'定义间距、夹角、相位和电力电缆电流数组
    Dim Ics() As Double
    ReDim a(n1loop * 3 - 1), alfa(n1loop * 3 - 1), fai(n1loop * 3 - 1),
Ampere(n1loop * 3 - 1)
    ReDim Ics(1 To n1loop * 3)
    ReDim Ifai(1 To n1loop * 3)
    Dim cfai(3)
    Dim fx1 As Double
    Dim fx2 As Double
    Dim fx3 As Double
    Dim R1 As Double
    Dim r2 As Double
    Dim n As Integer
    omiga = 2 * pi * f
    For i = 0 To n1loop - 1
        For j = 1 To 3
            If j = 1 Then
                Ics(3 * i + j) = Sqr((Ic(i + 1) + Isheath(3 * i + j, 0)) ^ 2 +
(Isheath(3 * i + j, 1)) ^ 2)
                Ifai(3 * i + j) = Atn(Isheath(3 * i + j, 1) / (Ic(i + 1) + Isheath(3
* i + j, 0)))
            ElseIf j = 2 Then
                Ics(3 * i + j) = Sqr((-0.5 * Ic(i + 1) + Isheath(3 * i + j, 0))
^ 2 + (Sqr(3) / 2 * Ic(i + 1) + Isheath(3 * i + j, 1)) ^ 2)
                Ifai(3 * i + j) = Atn((-Sqr(3) / 2 * Ic(i + 1) + Isheath(3 * i
+ j, 1)) / (-0.5 * Ic(i + 1) + Isheath(3 * i + j, 0)))
            ElseIf j = 3 Then
                Ics(3 * i + j) = Sqr((-0.5 * Ic(i + 1) + Isheath(3 * i + j, 0))
^ 2 + (Sqr(3) / 2 * Ic(i + 1) + Isheath(3 * i + j, 1)) ^ 2)
                Ifai(3 * i + j) = Atn((Sqr(3) / 2 * Ic(i + 1) + Isheath(3 * i +
j, 1)) / (-0.5 * Ic(i + 1) + Isheath(3 * i + j, 0)))
            End If
        Next
    Next
    For i = 0 To n1loop - 1
        For j = 0 To 2
            rou2 = cR(i, 1) * (1 + cTR(i, 1) * (Tcable1(i, j, 1) - 20))'电阻率
            rou1 = cR(i, 0) * (1 + cTR(i, 0) * (Tcable1(i, j, 0) - 20)) * pi *
```

```
(cpara(i, 0) * 0.001) ^ 2
        Rdc = cR(i, 0) * (1 + cTR(i, 0) * (Tcable1(i, j, 0) - 20))'直流电阻
        miu1 = 4 * 0.00000031415926 '铜磁导率
        miu2 = 4 * 0.00000031415926
        m1 = Sqr(omiga * miu1 / rou1)
        m2 = Sqr(omiga * miu2 / rou2)
        R1 = cpara(i, 0) * 0.001
        r2 = cpara(i, 3) * 0.001
        fx1 = m1 * cpara(i, 0) * 0.001
        fx2 = m2 * cpara(i, 3) * 0.001
        fx3 = m2 * cpara(i, 4) * 0.001
        k = 1
        For m = 0 To n1loop - 1
          For n = 0 To 2
            If m <> i Or n <> j Then
                a(k) = Sqr((c1xy(i, j, 0) - c1xy(m, n, 0)) ^ 2 + (c1xy(i,
j, 1) - c1xy(m, n, 1)) ^ 2)
                If c1xy(m, n, 0) = c1xy(i, j, 0) Then
                    If c1xy(i, j, 1) - c1xy(m, n, 1) > 0 Then
                        alfa(k) = pi / 2
                    ElseIf c1xy(i, j, 1) - c1xy(m, n, 1) < 0 Then
                        alfa(k) = 3 * pi / 2
                    End If
                Else
                    alfa(k) = Atn((c1xy(i, j, 1) - c1xy(m, n, 1)) / (c1xy(m,
n, 0) - c1xy(i, j, 0)))
                End If
                If j = 0 Then
                    If n = 0 Then
                        fai(k) = 0
                    ElseIf n = 1 Then
                        fai(k) = -2 * pi / 3
                    ElseIf n = 2 Then
                        fai(k) = 2 * pi / 3
                    End If
                ElseIf j = 1 Then
                    If n = 0 Then
                        fai(k) = 2 * pi / 3
                    ElseIf n = 1 Then
```

```
                    fai(k) = 0
              ElseIf n = 2 Then
                    fai(k) = -2 * pi / 3
              End If
          ElseIf j = 2 Then
              If n = 0 Then
                    fai(k) = -2 * pi / 3
              ElseIf n = 1 Then
                    fai(k) = 2 * pi / 3
              ElseIf n = 2 Then
                    fai(k) = 0
              End If
          End If
          fai(k) = Ifai(m * 3 + n + 1)
          Ampere(k) = Ics(m + 1)
          k = k + 1
        End If
    Next
  Next
  m = n1loop * 3 - 1
  b = a(1)
  For n = 1 To m
      a(n) = a(n) / b
  Next
  yp = 0
  ps = 0
  For n = 1 To 10
      temp1 = fx1 * (bern(fx1, n) * dbein(fx1, n) - bein(fx1, n) *
dbern(fx1, n)) / (bern(fx1, n - 1) ^ 2 + bein(fx1, n - 1) ^ 2) * Zn(fx1, fx2,
fx3, R1, r2, n) ^ 2
      temp2 = 0
      For k = 1 To m
          temp2 = temp2 + Ampere(k) ^ 2 / a(k) ^ (2 * n)
      Next
      temp3 = 0
      For k = 1 To m - 1
          temp4 = 0
          For l = k + 1 To m
              temp4 = temp4 + Ampere(l) / a(l) ^ n * Cos(fai(k) - fai(l))
```

63

```
                * Cos(n * (alfa(k) - alfa(l)))
                        Next
                        temp3 = temp3 + Ampere(k) / a(k) ^ n * temp4
                Next
                Qm = temp2 + temp3
                temp5 = Fn(fx1, fx2, fx3, R1, r2, n)
                temp6 = Dn2(fx1, fx2, fx3, R1, r2, n)
                ps = ps + Qm * (cpara(i, 4) * 0.001 / b) ^ (2 * n) * temp5 / temp6
                yp = yp + Qm * temp1 * (cpara(i, 0) * 0.001 / b) ^ (2 * n)
            Next
            ps = ps / Ic(i + 1) ^ 2 '* rou1 / (pi * r3 ^ 2)
            yp = yp / Ic(i + 1) ^ 2
            ys = fx1 / 2 * (bern(fx1, 0) * dbein(fx1, 0) - bein(fx1, 0) * dbern(fx1,
0)) / (bern(fx1, 1) ^ 2 + bein(fx1, 1) ^ 2) - 1
            conloss1(i, j) = Ic(i + 1) ^ 2 * Rdc * (1 + ys + yp)
            sloss11(i, j) = ps * conloss1(i, j)
        Next
    Next
End Function
'Bessel 函数
Function bern(x1 As Double, n As Integer) As Double
    bern = 0
    For k = 0 To 10
        TEMP = (-1) ^ (n + k) * (x1 / 2) ^ (n + 2 * k)
        If k > 0 Then
            For i = 1 To k
                TEMP = TEMP / i
            Next
        End If
        If n + k > 0 Then
            For i = 1 To n + k
                TEMP = TEMP / i
            Next
        End If
        bern = bern + TEMP * Cos((n + 2 * k) * pi / 4)
    Next
End Function
'Bessel 函数
Function bein(x1 As Double, n As Integer) As Double
```

```vb
    bein = 0
    For k = 0 To 10
        TEMP = (-1) ^ (n + k + 1) * (x1 / 2) ^ (n + 2 * k)
        If k > 0 Then
            For i = 1 To k
                TEMP = TEMP / i
            Next
        End If
        If n + k > 0 Then
            For i = 1 To n + k
                TEMP = TEMP / i
            Next
        End If
        bein = bein + TEMP * Sin((n + 2 * k) * pi / 4)
    Next
End Function
'Bessel 函数的导数
Function dbern(x1 As Double, n As Integer) As Double
    dbern = 0
    For k = 0 To 10
        TEMP = (-1) ^ (n + k) * (n / 2 + k) * (x1 / 2) ^ (n + 2 * k - 1)
        If k > 0 Then
            For i = 1 To k
                TEMP = TEMP / i
            Next
        End If
        If n + k > 0 Then
            For i = 1 To n + k
                TEMP = TEMP / i
            Next
        End If
        dbern = dbern + TEMP * Cos((n + 2 * k) * pi / 4)
    Next
End Function
'Bessel 函数的导数
Function dbein(x1 As Double, n As Integer) As Double
    dbein = 0
    For k = 0 To 10
        TEMP = (-1) ^ (n + k + 1) * (n / 2 + k) * (x1 / 2) ^ (n + 2 * k - 1)
```

```
        If k > 0 Then
            For i = 1 To k
                TEMP = TEMP / i
            Next
        End If
        If n + k > 0 Then
            For i = 1 To n + k
                TEMP = TEMP / i
            Next
        End If
        dbein = dbein + TEMP * Sin((n + 2 * k) * pi / 4)
    Next
End Function
'第二类 Bessel 函数
Function kern(x1 As Double, n As Integer) As Double
    gama = 0.57721
    temp1 = (-1)^(n+1)*((Log(x1/2)+gama)*bern(x1, n) - pi / 4 * bein(x1, n))
    temp2 = 0
    For k = 0 To n - 1
        TEMP = (-1) ^ k * (x1 / 2) ^ (2 * k - n) * Cos((2 * k - n) * pi / 4)
        If k > 0 Then
            For i = 1 To k
                TEMP = TEMP / i
            Next
        End If
        If n - k - 1 > 0 Then
            For i = 1 To n - k - 1
                TEMP = TEMP * i
            Next
        End If
        temp2 = temp2 + TEMP
    Next
    temp2 = temp2 / 2
    temp3 = 0
    For k = 0 To 10
        TEMP = (-1) ^ n * (x1 / 2) ^ (n + 2 * k) * Cos((n + 2 * k) * pi / 4)
        If k > 0 Then
            For i = 1 To k
                TEMP = TEMP / i
```

```
                Next
            End If
            If n + k > 0 Then
                For i = 1 To n + k
                    TEMP = TEMP / i
                Next
            End If
            If k = 0 Then
                Ok = 0
            Else
                Ok = 0
                For i = 1 To k
                    Ok = Ok + 1 / i
                Next
            End If
            If n + k = 0 Then
                Okn = 0
            Else
                Okn = 0
                For i = 1 To n + k
                    Okn = Okn + 1 / i
                Next
            End If
            temp3 = temp3 + TEMP * (Ok + Okn)
        Next
        temp3 = temp3 / 2
        kern = temp1 + temp2 + temp3
End Function
'第二类 Bessel 函数的导数
Function dkern(x1 As Double, n As Integer) As Double
    gama = 0.57721
    temp1 = (-1) ^ (n + 1) * (((Log(x1 / 2) + gama) * dbern(x1, n) + bern(x1,
n)/x1)-pi/4*dbein(x1, n))
    temp2 = 0
    For k = 0 To n - 1
        TEMP = (-1) ^ k * (k - n / 2) * (x1 / 2) ^ (2 * k - n - 1) * Cos((2 *
k - n) * pi / 4)
        If k > 0 Then
            For i = 1 To k
```

```
                    TEMP = TEMP / i
            Next
        End If
        If n - k - 1 > 0 Then
            For i = 1 To n - k - 1
                TEMP = TEMP * i
            Next
        End If
        temp2 = temp2 + TEMP
    Next
    temp2 = temp2 / 2
    temp3 = 0
    For k = 0 To 10
        TEMP = (-1) ^ n * (n / 2 + k) * (x1 / 2) ^ (n + 2 * k - 1) * Cos((n +
2 * k) * pi / 4)
        If k > 0 Then
            For i = 1 To k
                TEMP = TEMP / i
            Next
        End If
        If n + k > 0 Then
            For i = 1 To n + k
                TEMP = TEMP / i
            Next
        End If
        If k = 0 Then
            Ok = 0
        Else
            Ok = 0
            For i = 1 To k
                Ok = Ok + 1 / i
            Next
        End If
        If n + k = 0 Then
            Okn = 0
        Else
            Okn = 0
            For i = 1 To n + k
                Okn = Okn + 1 / i
```

68

```
            Next
        End If
        temp3 = temp3 + TEMP * (Ok + Okn)
    Next
    temp3 = temp3 / 2
    dkern = temp1 + temp2 + temp3
End Function
'第二类 Bessel 函数
Function kein(x1 As Double, n As Integer) As Double
    gama = 0.57721
    temp1 = (-1)^(n + 1) * ((Log(x1/2)+gama)*bein(x1, n) + pi / 4 * bern(x1, n))
    temp2 = 0
    For k = 0 To n - 1
        TEMP = (-1) ^ k * (x1 / 2) ^ (2 * k - n) * Sin((2 * k - n) * pi / 4)
        If k > 0 Then
            For i = 1 To k
                TEMP = TEMP / i
            Next
        End If
        If n - k - 1 > 0 Then
            For i = 1 To n - k - 1
                TEMP = TEMP * i
            Next
        End If
        temp2 = temp2 + TEMP
    Next
    temp2 = temp2 / 2
    temp3 = 0
    For k = 0 To 10
        TEMP = (-1) ^ n * (x1 / 2) ^ (n + 2 * k) * Sin((n + 2 * k) * pi / 4)
        If k > 0 Then
            For i = 1 To k
                TEMP = TEMP / i
            Next
        End If
        If n + k > 0 Then
            For i = 1 To n + k
                TEMP = TEMP / i
            Next
```

```
            End If
            If k = 0 Then
                Ok = 0
            Else
                Ok = 0
                For i = 1 To k
                    Ok = Ok + 1 / i
                Next
            End If
            If n + k = 0 Then
                Okn = 0
            Else
                Okn = 0
                For i = 1 To n + k
                    Okn = Okn + 1 / i
                Next
            End If
            temp3 = temp3 + TEMP * (Ok + Okn)
        Next
        temp3 = temp3 / 2
        kein = temp1 + temp2 - temp3
End Function
'第二类 Bessel 函数的导数
Function dkein(x1 As Double, n As Integer) As Double
    gama = 0.57721
    temp1 = (-1) ^ (n + 1) * (((Log(x1 / 2) + gama) * dbein(x1, n) + bein(x1,
n) / x1) + pi / 4 * dbern(x1, n))
    temp2 = 0
    For k = 0 To n - 1
        TEMP = (-1) ^ k * (k - n / 2) * (x1 / 2) ^ (2 * k - n - 1) * Sin((2 *
k - n) * pi / 4)
        If k > 0 Then
            For i = 1 To k
                TEMP = TEMP / i
            Next
        End If
        If n - k - 1 > 0 Then
            For i = 1 To n - k - 1
                TEMP = TEMP * i
```

70

```
            Next
        End If
        temp2 = temp2 + TEMP
    Next
    temp2 = temp2 / 2
    temp3 = 0
    For k = 0 To 10
        TEMP = (-1) ^ n * (n / 2 + k) * (x1 / 2) ^ (n + 2 * k - 1) * Sin((n +
2 * k) * pi / 4)
        If k > 0 Then
            For i = 1 To k
                TEMP = TEMP / i
            Next
        End If
        If n + k > 0 Then
            For i = 1 To n + k
                TEMP = TEMP / i
            Next
        End If
        If k = 0 Then
            Ok = 0
        Else
            Ok = 0
            For i = 1 To k
                Ok = Ok + 1 / i
            Next
        End If
        If n + k = 0 Then
            Okn = 0
        Else
            Okn = 0
            For i = 1 To n + k
                Okn = Okn + 1 / i
            Next
        End If
        temp3 = temp3 + TEMP * (Ok + Okn)
    Next
    temp3 = temp3 / 2
    dkein = temp1 + temp2 - temp3
```

```
End Function
'计算中用到的系数矩阵
Function Zn(x1 As Double, x2 As Double, x3 As Double, R1 As Double, r2 As Double,
n As Integer) As Double
    T1 = kern(x2, n + 1)
    T2 = bern(x2, n + 1)
    T3 = kein(x2, n + 1)
    T4 = bein(x2, n + 1)
    T5 = kern(x3, n - 1)
    T6 = bern(x3, n - 1)
    t7 = kein(x3, n - 1)
    t8 = bein(x3, n - 1)
    Dnr = T1 * T6 - T3 * t8 - T2 * T5 + T4 * t7
    Dni = T2 * t7 + T4 * T5 - T1 * t8 - T3 * T6
    T1 = kern(x2, n - 1)
    T2 = bern(x2, n - 1)
    T3 = kein(x2, n - 1)
    T4 = bein(x2, n - 1)
    Enr = T1 * T6 - T3 * t8 - T2 * T5 + T4 * t7
    Eni = T1 * t8 + T3 * T6 - T2 * t7 - T3 * T5
    T1 = bern(x1, n + 1)
    T2 = bern(x1, n - 1)
    T3 = bein(x1, n + 1)
    T4 = bein(x1, n - 1)
    deltanr = (T1 * T2 + T3 * T4) / (T2 ^ 2 + T4 ^ 2) * (R1 / r2) ^ (2 * n)
    deltani = (-T1 * T4 + T3 * T2) / (T2 ^ 2 + T4 ^ 2) * (R1 / r2) ^ (2 * n)
    dDnr = Dnr - (deltanr * Enr - deltani * Eni)
    dDni = Dni - (deltanr * Eni + deltani * Enr)
    T1 = kern(x2, n + 1)
    T2 = bern(x2, n + 1)
    T3 = kein(x2, n + 1)
    T4 = bein(x2, n + 1)
    T5 = kern(x2, n - 1)
    T6 = bern(x2, n - 1)
    t7 = kein(x2, n - 1)
    t8 = bein(x2, n - 1)
    Wnr = T1 * T6 - T3 * t8 - T2 * T5 + T4 * t7
    Wni = T1 * t8 + T3 * T6 - T2 * t7 - T4 * T5
    Znr = (Wnr * dDnr + Wni * dDni) / (dDnr ^ 2 + dDni ^ 2)
```

```
    Zni = (Wni * dDnr - Wnr * dDni) / (dDnr ^ 2 + dDni ^ 2)
    Zn = Sqr((Znr ^ 2 + Zni ^ 2)) * (R1 / r2) ^ (n - 1)
End Function
'计算中用到的系数矩阵
Function Fn(x1 As Double, x2 As Double, x3 As Double, R1 As Double, r2 As Double,
n As Integer)
    T1 = bern(x2, n)
    T2 = bein(x2, n)
    T3 = dbern(x2, n)
    T4 = dbein(x2, n)
    T5 = kern(x2, n)
    T6 = kein(x2, n)
    t7 = dkern(x2, n)
    t8 = dkein(x2, n)
    Gn1 = x2 * (T1 * T4 - T2 * T3)
    Hn1 = x2 * (T5 * t8 - T6 * t7)
    Ln1 = x2 / 2 * (T1 * t8 + T5 * T4 - T6 * T3 - T2 * t7)
    Mn1 = x2 / 2 * (T2 * t8 + T1 * t7 - T6 * T4 - T5 * T3)
    T1 = bern(x3, n)
    T2 = bein(x3, n)
    T3 = dbern(x3, n)
    T4 = dbein(x3, n)
    T5 = kern(x3, n)
    T6 = kein(x3, n)
    t7 = dkern(x3, n)
    t8 = dkein(x3, n) ·
    Gn2 = x3 * (T1 * T4 - T2 * T3)
    Hn2 = x3 * (T5 * t8 - T6 * t7)
    Ln2 = x3 / 2 * (T1 * t8 + T5 * T4 - T6 * T3 - T2 * t7)
    Mn2 = x3 / 2 * (T2 * t8 + T1 * t7 - T6 * T4 - T5 * T3)
    T3 = bern(x1, n + 1)
    T4 = bern(x1, n - 1)
    T5 = bein(x1, n + 1)
    T6 = bein(x1, n - 1)
    deltanr = (T3 * T4 + T5 * T6) / (T4 ^ 2 + T6 ^ 2) * (R1 / r2) ^ (2 * n)
    deltani = (-T3 * T6 + T5 * T4) / (T4 ^ 2 + T6 ^ 2) * (R1 / r2) ^ (2 * n)
    T1 = bern(x2, n + 1)
    T2 = bein(x2, n + 1)
    T3 = kern(x2, n + 1)
```

```
    T4 = kein(x2, n + 1)
    T5 = bern(x2, n - 1)
    T6 = bein(x2, n - 1)
    t7 = kern(x2, n - 1)
    t8 = kein(x2, n - 1)
    N1r = T3 - (deltanr * t7 - deltani * t8)
    N1i = T4 - (deltanr * t8 + deltani * t7)
    N2r = T1 - (deltanr * T5 - deltani * T6)
    N2i = T2 - (deltanr * T6 + deltani * T5)
    Fn1 = (N1r ^ 2 + N1i ^ 2) * (Gn2 - Gn1) + (N2r ^ 2 + N2i ^ 2) * (Hn2 - Hn1)
    Fn2 = 2 * (-1) ^ n * (Ln2 - Ln1) * (N1r * N2r + N1i * N2i)
    Fn3 = 2 * (-1) ^ n * (Mn2 - Mn1) * (N1i * N2r - N1r * N2i)
    Fn = Fn1 + Fn2 - Fn3
End Function
'计算中用到的系数矩阵
Function Dn2(x1 As Double, x2 As Double, x3 As Double, R1 As Double, r2 As Double,
n As Integer)
    T1 = kern(x2, n + 1)
    T2 = bern(x3, n - 1)
    T3 = kein(x2, n + 1)
    T4 = bein(x3, n - 1)
    T5 = bern(x2, n + 1)
    T6 = kern(x3, n - 1)
    t7 = bein(x2, n + 1)
    t8 = kein(x3, n - 1)
    t9 = kern(x2, n - 1)
    t10 = kein(x2, n - 1)
    t11 = bern(x2, n - 1)
    t12 = bein(x2, n - 1)
    t13 = bern(x1, n + 1)
    t14 = bern(x1, n - 1)
    t15 = bein(x1, n + 1)
    t16 = bein(x1, n - 1)
    Dnr = T1 * T2 - T3 * T4 - T5 * T6 + t7 * t8
    Dni = T5 * t8 + t7 * T6 - T1 * T2 - T3 * T4
    Enr = t9 * T2 - t10 * T4 - t11 * T6 + t12 * t8
    Eni = t9 * T4 + t10 * T2 - t11 * t8 - t12 * T6
    deltanr =(t13 * t14 + t15*t16)/(t14 ^ 2 + t16 ^ 2) * (R1 / r2) ^ (2 * n)
    deltani = (-t13 * t16 + t14 * t15)/(t14^2+t16^2) * (R1 / r2) ^ (2 * n)
```

74

```
    dDnr = Dnr - (deltanr * Enr - deltani * Eni)
    dDni = Dni - (deltanr * Eni + deltani * Enr)
    Dn2 = dDnr ^ 2 + dDni ^ 2
End Function
```

3.6.2　双端接地环流计算程序

对于单芯电力电缆，为了避免单端接地可能带来的过电压，金属套可采用双端接地或交叉互连接地。任意回路双端接地单芯电力电缆金属套内环流可由下面的例程进行计算。回路数、电力电缆结构参数、电力电缆间距、相位等事先给定。

```
Function Sheathloss2() '双端接地金属套环流及损耗计算
    Dim k(), P() As Single
    snum1 = 0
    For i = 0 To n1loop - 1
        If cablejiedi(i) = 1 Then
            snum1 = snum1 + 1
        End If
    Next
    If snum1 > 0 Then
    ReDim k(0 To snum1 * 6 - 1, 0 To snum1 * 6 - 1)
    ReDim P(0 To snum1 * 6 - 1)
    For i = 0 To snum1 * 6 - 1
        P(i) = 0
    Next
    For i = 0 To snum1 * 6 - 1
        For j = 0 To snum1 * 6 - 1
            k(i, j) = 0
        Next
    Next
    snum1 = snum1 * 3
    R1 = 10
    r2 = 10
    Re = 0.0493
    Rb = R1 + r2 + Re
    snum2 = 0
    For i = 0 To n1loop - 1
        If cablejiedi(i) = 1 Then
            For j = 0 To 2
                snum3 = 0
                For m = 0 To n1loop - 1
```

```
If cablejiedi(m) = 1 Then
    For n = 0 To 2
        ds = (cpara(i, 3) + cpara(i, 4)) / 2000
        S = Sqr((clxy(m, n, 0) - clxy(i, j, 0)) ^ 2 + (clxy(m,
            n, 1) - clxy(i, j, 1)) ^ 2)
        If i = m And j = n Then
            k(snum2, snum3) = cR(i, 1) * (1 + cTR(i, 1) *
                            (Tcable1(i, j, 1) - 20)) + Rb
            k(snum2, snum1 + snum3) =-2*314 * 0.0001 * Log(1 /ds)
            k(snum1 + snum2, snum3) =2*314 * 0.0001 * Log(1 / ds)
            k(snum1 + snum2, snum1 + snum3) = cR(i,1) * (1+cTR(i,1)
                                        * (Tcable1(i, j,1) -
                                          20)) + Rb

            snum3 = snum3 + 1
        Else
            k(snum2, snum3) = Rb
            k(snum2, snum1 + snum3)=-2*314 * 0.0001 * Log(1 / S)
            k(snum1 + snum2, snum3) = 2*314*0.0001 * Log(1 / S)
            k(snum1 + snum2, snum1 + snum3) = Rb
            snum3 = snum3 + 1
        End If
    Next
End If
        Next
        snum2 = snum2. + 1
    Next
  End If
Next
snum2 = 0
For i = 0 To n1loop - 1
    If cablejiedi(i) = 1 Then
        For j = 0 To 2
            For m = 0 To n1loop - 1
                For n = 0 To 2
                    ds = (cpara(i, 3) + cpara(i, 4)) / 2000
                    S = Sqr((clxy(m, n, 0) - clxy(i, j, 0)) ^ 2 + (clxy(m, n,
                        1) - clxy(i, j, 1)) ^ 2)
                    If i = m And j = n Then
                        P(snum2) = P(snum2) + 0
```

```
                    P(snum1 + snum2) = P(snum1 + snum2) + 0
                Else
                    If n = 0 Then
                        P(snum2) = P(snum2) + 0
                        P(snum1 + snum2) = P(snum1 + snum2) -2*314*Ic(m +
                            1) * 0.0001 * Log(S / ds)
                    ElseIf n = 1 Then
                        P(snum2) = P(snum2) - 2 * 314 * Ic(m + 1) * 0.0001
                            * Sqr(3) / 2 * Log(S / ds)
                        P(snum1 + snum2) = P(snum1 + snum2) + 2 * 314 * Ic(m
                            + 1) * 0.0001 * 0.5 * Log(S / ds)
                    ElseIf n = 2 Then
                        P(snum2) = P(snum2) + 2 * 314 * Ic(m + 1) * 0.0001
                            * Sqr(3) / 2 * Log(S / ds)
                        P(snum1 + snum2) = P(snum1 + snum2) + 2 * 314 * Ic(m
                            + 1) * 0.0001 * 0.5 * Log(S / ds)
                    End If
                End If
            Next
        Next
        snum2 = snum2 + 1
    Next
    End If
Next
'高斯解方程组
Dim temp1 As Double
Dim temp2 As Integer
Dim tx() As Integer
ReDim tx(0 To snum1 * 2 - 1)
For i = 0 To snum1 * 2 - 1
    tx(i) = i
Next
For i = 0 To snum1 * 2 - 2
    big = Abs(k(i, i))
    lmax = i
    rmax = i
    For j = i To snum1 * 2 - 1
        For l = i To snum1 * 2 - 1
            If Abs(k(j, l)) > big Then
```

```
                        lmax = j
                        rmax = l
                        big = Abs(k(j, l))
                End If
            Next
        Next
        If lmax = i Then
            If rmax <> i Then
                For j = 0 To snum1 * 2 - 1
                    temp1 = k(j, i)
                    k(j, i) = k(j, rmax)
                    k(j, rmax) = temp1
                Next
                temp2 = tx(i)
                tx(i) = tx(rmax)
                tx(rmax) = temp2
            End If
        Else
            If rmax = i Then
                For j = i To snum1 * 2 - 1
                    temp1 = k(i, j)
                    k(i, j) = k(lmax, j)
                    k(lmax, j) = temp1
                Next
            Else
                For j = i To snum1 * 2 - 1
                    temp1 = k(i, j)
                    k(i, j) = k(lmax, j)
                    k(lmax, j) = temp1
                Next
                For j = 0 To snum1 * 2 - 1
                    temp1 = k(j, i)
                    k(j, i) = k(j, rmax)
                    k(j, rmax) = temp1
                Next
                temp2 = tx(i)
                tx(i) = tx(rmax)
                tx(rmax) = temp2
            End If
```

```
        End If
        If lmax <> i Then
            temp1 = P(i)
            P(i) = P(lmax)
            P(lmax) = temp1
        End If
        temp1 = k(i, i)
        P(i) = P(i) / temp1
        For j = i To snum1 * 2 - 1
            k(i, j) = k(i, j) / temp1
        Next
        For j = i + 1 To snum1 * 2 - 1
            temp1 = k(j, i)
            P(j) = P(j) - P(i) * temp1
            For l = i To snum1 * 2 - 1
                k(j, l) = k(j, l) - temp1 * k(i, l)
            Next
        Next
    Next
Next
If k(snum1 * 2 - 1, snum1 * 2 - 1) <> 0 Then
    P(snum1 * 2 - 1) = P(snum1 * 2 - 1) / k(snum1 * 2 - 1, snum1 * 2 - 1)
End If
For i = snum1 * 2 - 2 To 0 Step -1
    For j = i + 1 To snum1 * 2 - 1
        P(i) = P(i) - k(i, j) * P(j)
    Next
Next
For i = 0 To snum1 * 2 - 2
    If tx(i) <> i Then
        For j = i + 1 To snum1 * 2 - 1
            If tx(j) = i Then
                temp2 = tx(i)
                tx(i) = tx(j)
                tx(j) = temp2
                temp1 = P(i)
                P(i) = P(j)
                P(j) = temp1
            End If
        Next
```

```
            End If
        Next
        '损耗计算
        snum2 = 0
        For i = 0 To n1loop - 1
            For j = 0 To 2
                If cablejiedi(i) = 1 Then
                    Isheath(3 * i + j + 1, 0) = P(snum2)
                    Isheath(3 * i + j + 1, 1) = P(snum1 + snum2)
                    sloss12(i, j) = (P(snum2) * P(snum2) + P(snum1 + snum2) * P(snum1
+ snum2)) * cR(i, 1) * (1 + cTR(i, 1) * (Tcable1(i, j, 1) - 20)) * 0.001
                    snum2 = snum2 + 1
                Else
                    sloss12(i, j) = 0
                End If
            Next
        Next
    End If
End Function
```

第4章 土壤直埋高压电力电缆群温度场数值计算

4.1 引 言

土壤直埋是出现较早的一种地下电力电缆敷设方式。单回路或多回路、单芯或多芯电力电缆直接埋设于地表 700mm～1000mm 以下土壤中，用于向建筑物配电室输送电能。由于电力电缆流过电流后发热严重，当电力电缆表面温度过高时，电力电缆周围土壤中的水分就会向远离电力电缆的方向扩散，造成电力电缆表面附近的土壤因缺乏水分而干燥，潮湿土壤的导热系数往往在 $1W/(m^2 \cdot ℃)$ 以上，而干燥土壤的导热系数往往在 $0.5 W/(m^2 \cdot ℃)$ 以下，严重者可能在 $0.25 W/(m^2 \cdot ℃)$ 以下。可见发生水分迁移以后，土壤的散热能力大大下降，电力电缆本体的温度将升高，从而给电力电缆的安全稳定工作带来一定的危险性。为了减小水分迁移带来的导热系数下降和电力电缆本体温度升高的影响，当前的土壤直埋电力电缆敷设方式往往在电力电缆周围回填 200mm 厚的沙土，然后再回填土壤。沙土的导热系数变化不大，干燥情况下的导热系数基本稳定在 $0.5W/(m^2 \cdot ℃)$ 左右。

土壤直埋电力电缆群缆芯温度的高低取决于电力电缆本身产生的热量和热量的扩散。电力电缆本身产生的热量可以利用第 3 章中给出的计算方法进行计算，而热量的扩散则取决于电力电缆本体的散热和周围土壤的散热条件，主要的影响因素有以下几种：

(1) 电力电缆的结构。多芯电力电缆三相电流均分布于一根电力电缆内部，单根电力电缆的热量大，内部又有较多的填充物，造成热扩散不利于进行，因此常用于 35kV 以下的电力电缆中。

(2) 电力电缆绝缘层和外护层材质。电力电缆本身除缆芯导体、金属套和铠装层这些金属良导热体外，绝缘层、内衬和外护层等均为不良导热体材料，这些不良导热体材料的导热系数与材质密切相关，导热系数相差较大，散热能力也不同。

(3) 电力电缆的排列方式。三角形排列方式下，电力电缆间的距离很近，相互之间的热影响较大，不利于热扩散的进行。"一"字形排列方式下，电力电缆间的距离较三角形排列方式远，相互之间的热影响稍小，有利于热扩散的进行。

(4) 电力电缆回路数。当在一个断面内敷设多于一个回路的电力电缆时，电力电缆间的热相互影响将增强，不利于电力电缆的散热。

(5) 电力电缆的埋深。土壤直埋电力电缆的热量从电力电缆本体向四周扩散，其中大部分是向远程土壤和通过地表向空气中扩散，电力电缆埋设较深时，电力电缆向地表空气散热过程中的土壤厚度增加，热阻增加，散热能力下降，电力电缆本体的温度将升高。相反，当电力电缆埋设较浅时，土壤热阻减小，散热能力增强，电力电缆本体的温度将降低。

(6) 电力电缆的间距。在"一"字形排列情况下，电力电缆间都有一定的间距，当多回路敷设时，不同回路间也存在一定的间距。当电力电缆间距较小时，电力电缆间热的相互影响将增强，不利于散热，电力电缆本体温度将升高。相反，电力电缆间距较大时，电力电缆间的热相互影响将减弱，利于散热，电力电缆本体温度将降低。

(7) 土壤和回填土的导热性能。土壤是电力电缆热扩散路径中最大的一部分，其导热性能的好坏直接影响电力电缆温度的高低。此外，不同地域内、同一地域不同季节土壤的导热系数相差较大，电力电缆的实际散热情况也随之变化较大。

(8) 土壤水分迁移。当电力电缆通过的负荷电流较大时，电力电缆表面的温度相比于周围土壤的温度较高，造成了土壤中的温度差，而土壤中的水分受温度场的影响，由高温区域向低温区域蒸发或扩散，从而造成了电力电缆周围土壤的含水量极低，出现了干燥土壤。如前所述，干燥土壤的导热系数很差，散热能力降低，使得电力电缆本体温度进一步升高。

(9) 地表与空气的对流换热。电力电缆产生的大部分热量都要通过土壤，在地表通过与空气的对流换热散热到空气中，而对流换热能力的高低跟地表温度与空气温度的差值、太阳辐射的强弱、地表是否有风等多种因素有关，从而影响散热能力即电力电缆本体温度的高低。

电力电缆本体及土壤中的热扩散是以热传导的形式进行，而地表与空气的对流换热则需要根据对流换热系数与空气温度进行计算，以第三类边界条件形式给出，电力电缆周围还存在一层回填砂土。因此，土壤直埋电力电缆群温度场计算是在给定边界条件下的影响因素众多的复杂计算过程，其中有回填土的多层土壤媒介和地表的对流换热系数在 IEC-60287 中并没有给出解决方案。

针对数值计算方法所具有的优点，本书将在本章和第 6 章以多种结构、多个回路、多种排列方式和接地方式 XLPE 电力电缆为研究对象，阐述基于有限元的土壤直埋电力电缆群温度场数值计算模型，给出热与电磁、热与绝缘介质损耗耦合计算的方法，利用发热管试验及文献对比对计算方法进行验证，并计算电力电缆间距、土壤热阻、电力电缆埋深、地表空气温度以及外部热源对电力电缆载流量的影响。

4.2　土壤直埋电力电缆群温度场模型[89,90]

由于电力电缆线路长达数百米到数千米，而电力电缆外径往往在 100mm 左右，考虑回填土等，外径也在数米以内，相对于电力电缆截面以及热扩散断面来说，电力电缆线路长度近似于无穷大，土壤直埋电力电缆温度场可以简化为二维温度场模型进行分析和计算。

以单回路单芯"一"字形排列土壤直埋无回填土电力电缆为例建立温度场模型，如图 4-1 所示。以地表为分界线，地表上方的空气温度为恒定温度，电力电缆产生的热量流经土壤后，在地表通过对流换热散发到空气中，土壤直埋电力电缆的温度场就可以看成以地表为分界的半无限大二维场。

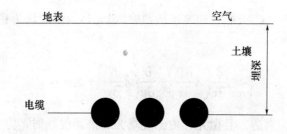

图 4-1　单回路单芯"一"字形排列土壤直埋电力电缆温度场模型

对于图 4-1 所示温度场场域内任一微元体，电力电缆所产生的热量向外扩散的过程中，应始终满足能量守恒方程，即在任一时间间隔内有以下热平衡关系[85,86]：

导入总热流量＋内热源的生成热＝导出总热流量＋内能的增加

因此，图4-1所示只含有固体导热的二维平面温度场微分方程形式为

$$\rho c \frac{\partial T}{\partial \tau} = \frac{\partial}{\partial x}\left(\lambda \frac{\partial T}{\partial x}\right) + \frac{\partial}{\partial y}\left(\lambda \frac{\partial T}{\partial y}\right) + q_v \tag{4-1}$$

式中，

T——物体的瞬态温度，℃；

τ——过程进行的时间，s；

λ——材料的导热系数，$W/(m^2 \cdot ℃)$；

ρ——材料的密度，kg/m^3；

c——材料的比热，$J/(kg \cdot ℃)$；

q_v——材料的内热源，W。

方程(4-1)中 $\rho c \frac{\partial T}{\partial \tau}$ 为微元体吸热造成的内能增加，$\frac{\partial}{\partial x}\left(\lambda \frac{\partial T}{\partial x}\right) + \frac{\partial}{\partial y}\left(\lambda \frac{\partial T}{\partial y}\right)$ 为导入和导出总热量的插值，q_v 为微元体自身产生的热量。

针对不同的具体情形，方程(4-1)可转变为不同的形式：

(1) 导热系数为常数时，方程(4-1)简化为

$$\rho c \frac{\partial T}{\partial \tau} = \lambda\left(\frac{\partial^2 T}{\partial x^2} + \frac{\partial^2 T}{\partial y^2}\right) + q_v \tag{4-2}$$

(2) 微元体内没有内热源时，方程(4-1)简化为

$$\rho c \frac{\partial T}{\partial \tau} = \frac{\partial}{\partial x}\left(\lambda \frac{\partial T}{\partial x}\right) + \frac{\partial}{\partial y}\left(\lambda \frac{\partial T}{\partial y}\right) \tag{4-3}$$

(3) 导热系数为常数，同时微元体内没有内热源时，方程(4-1)简化为

$$\rho c \frac{\partial T}{\partial \tau} = \lambda\left(\frac{\partial^2 T}{\partial x^2} + \frac{\partial^2 T}{\partial y^2}\right) \tag{4-4}$$

(4) 当微元体内发热和吸热之和等于散热时,微元体内温度场为稳态温度场,方程(4-1)简化为

$$\frac{\partial}{\partial x}\left(\lambda\frac{\partial T}{\partial x}\right)+\frac{\partial}{\partial y}\left(\lambda\frac{\partial T}{\partial y}\right)+q_v=0 \tag{4-5}$$

(5) 当导热系数为常数,且微元体内温度场为稳态温度场时,方程(4-1)简化为

$$\lambda\left(\frac{\partial^2 T}{\partial x^2}+\frac{\partial^2 T}{\partial y^2}\right)+q_v=0 \tag{4-6}$$

(6) 导热系数为常数,微元体内没有内热源,且微元体内温度场为稳态温度场时,方程(4-1)简化为

$$\frac{\partial^2 T}{\partial x^2}+\frac{\partial^2 T}{\partial y^2}=0 \tag{4-7}$$

对于图4-1所示地下电力电缆温度场,当其处于暂态时,电力电缆缆芯导体、金属套、铠装层和绝缘层内有发热,其暂态温度场可用方程(4-2)描述,其他没有热源的区域可用方程(4-3)描述;当各种媒质导热系数为常数时,可用方程(4-4)描述;当其处于稳态,且导热系数为常数时,电力电缆缆芯导体、金属套、铠装层和绝缘层内有发热,其温度场可用方程(4-6)描述,其他区域内没有热源,可用方程(4-7)描述。

导热微分方程是描写导热过程共性的数学表达式。求解导热问题,实质上可归结为对导热微分方程的求解。为了获得某一具体导热问题的温度分布,还必须给出用以表征该特定问题的一些附加条件,即定解条件。对于非稳态导热问题,定解条件有两个方面,即给出初始时刻温度分布的初始条件,以及导热物体边界上温度或换热情况的边界条件。对于稳态导热问题,定解条件没有初始条件,仅有边界条件。

初始条件已知是过程开始时物体整个区域中所具有的温度为已知值,用公式表示为

$$\begin{cases} T\big|_{t=0}=T_0 \\ T\big|_{t=0}=\varphi(x,y) \end{cases} \tag{4-8}$$

式中,

T_0——已知常数,表示物体初始温度是均匀的,℃;

$\varphi(x,y)$——已知函数,表示物体初始温度是不均匀的,℃。

固体导热微分方程求解过程中的边界条件有三类,分别是第一类边界条件(边界上温度给定)、第二类边界条件(边界上温度给定、法向热流密度给定)和第三类边界条件(边界上对流换热系数和流体温度给定)。

(1) 第一类边界条件:规定了边界上的温度值,包括给定恒定的温度值或是坐标的函数。

$$\begin{cases} T\big|_\Gamma=T_w \\ T\big|_\Gamma=f(x,y,t) \end{cases} \tag{4-9}$$

式中，

　　r——物体边界；

　　T_w——已知壁面温度(常数)，℃；

　　$f(x,y,t)$——已知壁面温度函数(随时间、位置而变)。

(2) 第二类边界条件：规定了边界上的具体的热流密度值或给定热流密度的坐标函数。

$$\begin{cases} k\dfrac{\partial T}{\partial n}\Big|_\Gamma + q_2 = 0 \\ k\dfrac{\partial T}{\partial n}\Big|_\Gamma + g(x,y,t) = 0 \end{cases} \qquad (4\text{-}10)$$

式中，

　　q_2——已知热流密度(常数)，W/m^2；

　　$g(x,y,t)$——已知热流密度函数。

(3) 第三类边界条件：规定了边界上物体与周围流体间的表面传热系数 α 及周围流体的温度 T_f。

$$-k\dfrac{\partial T}{\partial n}\Big|_\Gamma = \alpha(T - T_f)\big|_\Gamma \qquad (4\text{-}11)$$

式中，

　　α——物体表面换热系数，$W/(m^2 \cdot ℃)$；

　　T_f——周围流体的温度，℃。

　　给定初始条件和边界条件后，为了能够利用有限元计算温度场，需将无限大开域场转变为有限闭域场，即需要确定温度场的三个边界，从而确定温度场计算的有效区域。

　　文献[7]和[20]指出，土壤深处的温度不随地表温度的变化而保持在一个恒定的值，即土壤深层的温度不受电力电缆发热的影响，可取电力电缆下 20m 作为土壤直埋电力电缆温度场的第一类边界条件；左右两侧远离电力电缆的土壤也不受电力电缆发热的影响，取左右两侧分别距离电力电缆 20m 作为土壤直埋电力电缆温度场的第二类边界条件，即法向温度梯度为 0；在假定地表空气温度恒定的情况下，可取地表为第三类边界条件，满足牛顿定律($q = \alpha\Delta t$)，以对流形式与空气换热，不考虑地表风速影响时，对流换热系数可由 $\alpha = N_{um}\dfrac{\lambda}{l}$ (其中努塞尔数 $N_{um} = C(G_r \cdot P_r)_m^n$，格拉晓夫数 $G_r = \dfrac{g\beta l^3 \Delta T}{v^2}$，普朗特数 P_r、导热率 λ 和比容 v 可根据空气温度查表而得，l 为特征尺寸，C 和 n 为根据层流还是紊流而取的系数)计算，考虑风速影响时，且空气温度为 20℃ 时，对流换热系数由 $\alpha = 7.371 + 6.43v^{0.75}$ 计算，其中 v 为地表风速[87,88]。

　　因此，图 4-1 所示开域温度场可以转变为图 4-2 所示的闭域温度场。图中，单回路单芯电力电缆间距为 200mm、埋深为 1000mm，左右边界和深层土壤边界均取 20000mm。

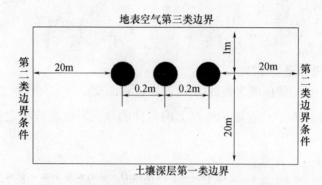

图 4-2　单回路"一"字形排列土壤直埋电力电缆温度场有界场域模

4.3　土壤直埋温度场计算的有限元方法

4.3.1　土壤直埋稳态温度场计算的有限元方程[91-94]

　　对于图4-2所示的土壤直埋电力电缆温度场，可分为暂态和稳态两种情况。暂态时，可由式(4-2)、式(4-3)和式(4-4)描述；稳态时可由式(4-5)、式(4-6)和式(4-7)描述。这些方程的求解可以采用解析计算和数值计算两种方法，鉴于数值计算方法在负责场域求解和计算精度上的优势，本书采用数值计算的方法进行稳态和暂态的求解。考虑到电力电缆结构和敷设条件的复杂性，有限元比有限差分、有限容积和边界元更适合于计算电力电缆群的温度场。

　　利用有限元分析地下电力电缆温度场的第一步是对整个场域进行剖分，剖分规则为：采用三角形单元进行剖分，电力电缆本体是计算的重点，因此剖分密度较高，而土壤区域剖分密度较小。

　　图4-3给出了土壤直埋单回路三角形排列单芯电力电缆剖分结果，图4-4给出了土壤直埋单回路"一"字形排列单芯电力电缆剖分结果，图4-5给出了土壤直埋两根三芯电力电缆剖分结果，图4-6给出了土壤直埋单回路"一"字形排列单芯电力电缆整场的剖分结果图。图4-6中颜色较深区域为电力电缆区域，由于剖分密度较土壤高得多，因而在整场显示的情况下看不到网格。

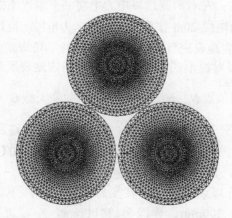

图 4-3　土壤直埋单回路三角形排列单芯电力电缆剖分示意图

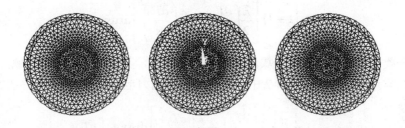

图 4-4　土壤直埋 "一" 字形排列单芯电力电缆剖分示意图

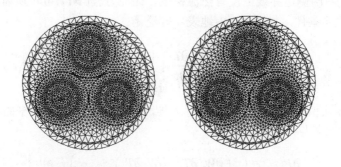

图 4-5　土壤直埋两根三芯电力电缆剖分示意图

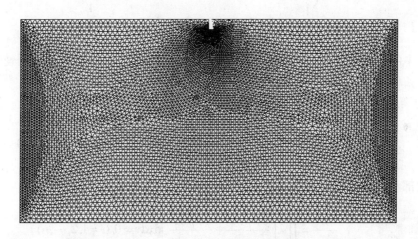

图 4-6　土壤直埋单回路 "一" 字形排列单芯电力电缆整场剖分结果示意图

经过剖分，整个场域被划分为 E 个单元和 n 个节点，温度场 T 离散化为 T_1、T_2、T_3，…，T_n 等 n 个节点的待定温度值。

这里首先对稳态土壤直埋电力电缆温度场进行分析。对于有内热源的区域，如电力电缆缆芯导体、金属套、铠装层和绝缘层区域，取泛函：

$$J = \iint_D \left[\frac{\lambda}{2} \left(\frac{\partial T}{\partial x} \right)^2 + \frac{\lambda}{2} \left(\frac{\partial T}{\partial y} \right)^2 - q_v T \right] \mathrm{d}x\mathrm{d}y \tag{4-12}$$

对于无热源区域，如电力电缆的内衬层、外护层和土壤等区域，取泛函：

$$J = \iint_D \left[\frac{\lambda}{2}\left(\frac{\partial T}{\partial x}\right)^2 + \frac{\lambda}{2}\left(\frac{\partial T}{\partial y}\right)^2 \right] \mathrm{d}x\mathrm{d}y \tag{4-13}$$

对第一类边界条件，如果土壤深层土壤温度恒定，其泛函与无热源区域泛函相同。

对第二类边界条件，如图 4-2 中左右两侧距离电力电缆 20000mm 边界线，取泛函：

$$J = \iint_D \left[\frac{\lambda}{2}\left(\frac{\partial T}{\partial x}\right)^2 + \frac{\lambda}{2}\left(\frac{\partial T}{\partial y}\right)^2 \right] \mathrm{d}x\mathrm{d}y + \oint_\Gamma qT\mathrm{d}s \tag{4-14}$$

由于图 4-2 中左右两侧边界线上没有热流梯度，因而方程(4-14)可转换为方程(4-13)。

对第三类边界条件，如图 4-2 中地表，取泛函：

$$J = \iint_D \left[\frac{\lambda}{2}\left(\frac{\partial T}{\partial x}\right)^2 + \frac{\lambda}{2}\left(\frac{\partial T}{\partial y}\right)^2 \right] \mathrm{d}x\mathrm{d}y + \oint_\Gamma \alpha\left(\frac{1}{2}T^2 - T_{\mathrm{f}}T\right)\mathrm{d}s \tag{4-15}$$

将 Galerkin 法引入上述方程，并进行求导，可得定义域为 D 的平面稳态温度场有限元计算的基本方程[87]：

$$\frac{\partial J^D}{\partial T_l} = \iint_D \left(\lambda\left(\frac{\partial W_l}{\partial x}\frac{\partial T}{\partial x} + \frac{\partial W_l}{\partial y}\frac{\partial T}{\partial y}\right) - q_\mathrm{v}W_l \right)\mathrm{d}x\mathrm{d}y - $$

$$\int_\Gamma \lambda W_l\frac{\partial T}{\partial n}\mathrm{d}s = 0 \quad (l=1,2,\cdots,n) \tag{4-16}$$

方程中的线积分项就可把边界条件式(4-9)、式(4-10)和式(4-11)代入，从而使方程(4-16)满足边界条件。

对于第一类边界条件，附加的线积分项等于 0，方程(4-16)转化为

$$\frac{\partial J^D}{\partial T_l} = \iint_D \left[\lambda\left(\frac{\partial W_l}{\partial x}\frac{\partial T}{\partial x} + \frac{\partial W_l}{\partial y}\frac{\partial T}{\partial y}\right) - q_\mathrm{v}W_l \right]\mathrm{d}x\mathrm{d}y = 0 \quad (l=1,2,\cdots,n) \tag{4-17}$$

当内部没有热源时，方程(4-17)变为

$$\frac{\partial J^D}{\partial T_l} = \iint_D \lambda\left(\frac{\partial W_l}{\partial x}\frac{\partial T}{\partial x} + \frac{\partial W_l}{\partial y}\frac{\partial T}{\partial y}\right)\mathrm{d}x\mathrm{d}y = 0 \quad (l=1,2,\cdots,n) \tag{4-18}$$

对于第二类边界条件，将式(4-10)代入，方程(4-16)转化为

$$\frac{\partial J^D}{\partial T_l} = \iint_D \left[\lambda\left(\frac{\partial W_l}{\partial x}\frac{\partial T}{\partial x} + \frac{\partial W_l}{\partial y}\frac{\partial T}{\partial y}\right) - q_\mathrm{v}W_l \right]\mathrm{d}x\mathrm{d}y + \int_\Gamma q_2 W_l\mathrm{d}s = 0 \quad (l=1,2,\cdots,n) \tag{4-19}$$

当内部没有热源时，方程(4-19)变为

$$\frac{\partial J^D}{\partial T_l} = \iint_D \lambda\left(\frac{\partial W_l}{\partial x}\frac{\partial T}{\partial x} + \frac{\partial W_l}{\partial y}\frac{\partial T}{\partial y}\right)\mathrm{d}x\mathrm{d}y + \int_\Gamma q_2 W_l\mathrm{d}s = 0 \quad (l=1,2,\cdots,n) \tag{4-20}$$

对于第三类边界条件，将式(4-11)代入，式(4-16)转化为

$$\frac{\partial J^D}{\partial T_l} = \iint_D \left[\lambda \left(\frac{\partial W_l}{\partial x} \frac{\partial T}{\partial x} + \frac{\partial W_l}{\partial y} \frac{\partial T}{\partial y} \right) - q_v W_l \right] \mathrm{d}x\mathrm{d}y +$$

$$\int_\Gamma \alpha W_l (T - T_f) \mathrm{d}s = 0 \qquad (l = 1, 2, \cdots, n) \tag{4-21}$$

当内部没有热源时，方程(4-21)变为

$$\frac{\partial J^D}{\partial T_l} = \iint_D \lambda \left(\frac{\partial W_l}{\partial x} \frac{\partial T}{\partial x} + \frac{\partial W_l}{\partial y} \frac{\partial T}{\partial y} \right) \mathrm{d}x\mathrm{d}y + \int_\Gamma \alpha W_l (T - T_f) \mathrm{d}s = 0 \; (l = 1, 2, \cdots, n) \tag{4-22}$$

将区域 D 剖分为如图 4-3～图 4-6，假设共剖分为 E 个单元和 n 个节点，这时变分计算可以在单元中进行：

$$\frac{\partial J_e}{\partial T_l} = \iint_e \left[k \left(\frac{\partial W_l}{\partial x} \frac{\partial T}{\partial x} + \frac{\partial W_l}{\partial y} \frac{\partial T}{\partial y} \right) - q_v W_l \right] \mathrm{d}x\mathrm{d}y - \int_{\Gamma_e} k W_l \frac{\partial T}{\partial n} \mathrm{d}s \; (l = i, j, m) \tag{4-23}$$

这里，i，j 和 m 是三角形剖分单元的局部节点编号，即三角形单元的三个顶点。

对于内部有热源单元，如电力电缆缆芯导体、金属套、铠装层和绝缘层，单元变分的基本方程为

$$\frac{\partial J_e}{\partial T_l} = \iint_e \left[\lambda \left(\frac{\partial W_l}{\partial x} \frac{\partial T}{\partial x} + \frac{\partial W_l}{\partial y} \frac{\partial T}{\partial y} \right) - q_v W_l \right] \mathrm{d}x\mathrm{d}y \; (l = i, j, m) \tag{4-24}$$

对于内部无热源单元(如电力电缆的内衬层和外护层、土壤等区域)和第一类边界单元，单元变分的基本方程为

$$\frac{\partial J_e}{\partial T_l} = \iint_e \lambda \left(\frac{\partial W_l}{\partial x} \frac{\partial T}{\partial x} + \frac{\partial W_l}{\partial y} \frac{\partial T}{\partial y} \right) \mathrm{d}x\mathrm{d}y \; (l = i, j, m) \tag{4-25}$$

对于第二类边界单元，变分计算的基本方程为

$$\frac{\partial J_e}{\partial T_l} = \iint_e \lambda \left(\frac{\partial W_l}{\partial x} \frac{\partial T}{\partial x} + \frac{\partial W_l}{\partial y} \frac{\partial T}{\partial y} \right) \mathrm{d}x\mathrm{d}y + \int_{jm} q_2 W_l \mathrm{d}s \; (l = i, j, m) \tag{4-26}$$

对于第三类边界单元，变分计算的基本方程为

$$\frac{\partial J_e}{\partial T_l} = \iint_e \lambda \left(\frac{\partial W_l}{\partial x} \frac{\partial T}{\partial x} + \frac{\partial W_l}{\partial y} \frac{\partial T}{\partial y} \right) \mathrm{d}x\mathrm{d}y + \int_{jm} \alpha W_l (T - T_f) \mathrm{d}s \; (l = i, j, m) \tag{4-27}$$

将式(4-24)、式(4-25)、式(4-26)和式(4-27)代入式(4-16)就得到总体合成的有限元求解代数方程组

$$\frac{\partial J^D}{\partial T_l} = \sum_{e=1}^{E} \frac{\partial J_e}{\partial T_l} = 0 \; (l = 1, 2, \cdots, n) \tag{4-28}$$

方程(4-28)有 n 个代数式，可以计算 n 个节点温度。

在各个三角形元 e 内，分别给定对于 x、y 呈线性变化的插值函数

$$T^e(x,y)=\alpha_1+\alpha_2 x+\alpha_3 y \tag{4-29}$$

式中，

α_1、α_2 和 α_3 是待定常数，它们由节点上的温度值和节点坐标来确定。

为此，将节点的坐标及温度代入方程(4-29)，得

$$\begin{cases} T_i=\alpha_1+\alpha_2 x_i+\alpha_3 y_i \\ T_j=\alpha_1+\alpha_2 x_j+\alpha_3 y_j \\ T_m=\alpha_1+\alpha_2 x_m+\alpha_3 y_m \end{cases} \tag{4-30}$$

线性方程组可写成矩阵的形式，即

$$\begin{bmatrix} 1 & x_i & y_i \\ 1 & x_j & y_j \\ 1 & x_m & y_m \end{bmatrix} \begin{Bmatrix} \alpha_1 \\ \alpha_2 \\ \alpha_3 \end{Bmatrix} = \begin{Bmatrix} T_i \\ T_j \\ T_m \end{Bmatrix} \tag{4-31}$$

利用矩阵求逆的方法可以把未知数 α_1、α_2 和 α_3 解出来，即

$$\begin{Bmatrix} \alpha_1 \\ \alpha_2 \\ \alpha_3 \end{Bmatrix} = \begin{bmatrix} 1 & x_i & y_i \\ 1 & x_j & y_j \\ 1 & x_m & y_m \end{bmatrix}^{-1} \begin{Bmatrix} T_i \\ T_j \\ T_m \end{Bmatrix} = \frac{1}{\begin{vmatrix} 1 & x_i & y_i \\ 1 & x_j & y_j \\ 1 & x_m & y_m \end{vmatrix}} \begin{bmatrix} x_j y_m - x_m y_j & x_m y_i - x_i y_m & x_i y_j - x_j y_i \\ y_j - y_m & y_m - y_i & y_i - y_j \\ x_m - x_j & x_i - x_m & x_j - x_i \end{bmatrix} \begin{Bmatrix} T_i \\ T_j \\ T_m \end{Bmatrix}$$

$$\tag{4-32}$$

记

$$\begin{cases} a_i=x_j y_m - x_m y_j & b_i=y_j-y_m & c_i=x_m-x_j \\ a_j=x_m y_i - x_i y_m & b_j=y_m-y_i & c_j=x_i-x_m \\ a_m=x_i y_j - x_j y_i & b_m=y_i-y_j & c_m=x_j-x_i \end{cases} \tag{4-33}$$

将行列式展开，得

$$\begin{aligned} \begin{vmatrix} 1 & x_i & y_i \\ 1 & x_j & y_j \\ 1 & x_m & y_m \end{vmatrix} &= (x_j y_m - x_m y) + (x_m y_i - x_i y_m) + (x_i y_j - x_j y_i) \\ &= (y_j-y_m)(x_i-x_m)-(y_m-y_i)(x_m-x_j) \\ &= b_i c_j - b_j c_i = \Delta \end{aligned} \tag{4-34}$$

式中，Δ 为三角形单元的面积。

将式(4-34)和式(4-33)一起代入式(4-32)，得

$$\begin{Bmatrix} \alpha_1 \\ \alpha_2 \\ \alpha_3 \end{Bmatrix} = \frac{1}{(b_i c_j - b_j c_i)} \begin{bmatrix} a_i & a_j & a_m \\ b_i & b_j & b_m \\ c_i & c_j & c_m \end{bmatrix} \begin{Bmatrix} T_i \\ T_j \\ T_m \end{Bmatrix} \tag{4-35}$$

将式(4-35)展开，即可得到

$$\begin{cases} \alpha_1 = \dfrac{1}{2\Delta}(a_i T_i + a_j T_j + a_m T_m) \\ \alpha_2 = \dfrac{1}{2\Delta}(b_i T_i + b_j T_j + b_m T_m) \\ \alpha_3 = \dfrac{1}{2\Delta}(c_i T_i + c_j T_j + c_m T_m) \end{cases} \tag{4-36}$$

由此可得线性插值函数的一个重要关系式：

$$T^e(x,y) = \frac{1}{2\Delta}\Big[(a_i + b_i x + c_i y)T_i + (a_j + b_j x + c_j y)T_j + (a_m + b_m x + c_m y)T_m\Big] \tag{4-37}$$

取型函数：

$$\begin{cases} N_i = \dfrac{1}{2\Delta}(a_i + a_j x + a_m y) \\ N_j = \dfrac{1}{2\Delta}(b_i + b_j x + b_m y) \\ N_m = \dfrac{1}{2\Delta}(c_i + c_j x + c_m y) \end{cases}$$

式(4-37)转化为

$$T^e(x,y) = \sum_{i=1}^{3} N_i^e T_i = N_e T_e \tag{4-38}$$

式(4-38)适用于整个场域内的所有单元。

对于式(4-24)所给出的内部有热源单元泛函，权函数 $W_i = N_i$，则有

$$\frac{\partial W_i}{\partial x} = \frac{b_i}{2\Delta}, \quad \frac{\partial W_j}{\partial y} = \frac{c_i}{2\Delta}$$

此外

$$\frac{\partial T}{\partial x} = \frac{b_i T_i + b_j T_j + b_m T_m}{2\Delta}, \quad \frac{\partial T}{\partial y} = \frac{c_i T_i + c_j T_j + c_m T_m}{2\Delta}$$

可得

$$\frac{\partial J^e}{\partial T_i} = \frac{\lambda}{4\Delta}\Big[(b_i^2 + c_i^2)T_i + (b_i b_j + c_i c_j)T_j + (b_i b_m + c_i c_m)T_m\Big] - \frac{\Delta}{3}q_v \tag{4-39}$$

$$\frac{\partial J^e}{\partial T_j} = \frac{\lambda}{4\Delta}\left[(b_i b_j + c_i c_j)T_i + (b_j^2 + c_j^2)T_j + (b_j b_m + c_j c_m)T_m\right] - \frac{\Delta}{3}q_v \qquad (4\text{-}40)$$

$$\frac{\partial J^e}{\partial T_m} = \frac{\lambda}{4\Delta}\left[(b_i b_m + c_i c_m)T_i + (b_j b_m + c_j c_m)T_j + (b_m^2 + c_m^2)T_m\right] - \frac{\Delta}{3}q_v \qquad (4\text{-}41)$$

写成矩阵形式为

$$\left\{\begin{array}{c}\dfrac{\partial J^e}{\partial T_i} \\[2mm] \dfrac{\partial J^e}{\partial T_j} \\[2mm] \dfrac{\partial J^e}{\partial T_m}\end{array}\right\} = \begin{bmatrix} k_{ii} & k_{ij} & k_{im} \\ k_{ji} & k_{jj} & k_{jm} \\ k_{mi} & k_{mj} & k_{mm} \end{bmatrix}\left\{\begin{array}{c} T_i \\ T_j \\ T_m \end{array}\right\} - \left\{\begin{array}{c} p_i \\ p_j \\ p_m \end{array}\right\} = K^e T^e - P^e = 0 \qquad (4\text{-}42)$$

即

$$K^e T^e = P^e \qquad (4\text{-}43)$$

式中

$$k_{ii} = \phi(b_i^2 + c_i^2), \quad k_{jj} = \phi(b_j^2 + c_j^2), \quad k_{mm} = \phi(b_m^2 + c_m^2)$$

$$k_{ij} = k_{ji} = \phi(b_i b_j + c_i c_j), \quad k_{im} = k_{mi} = \phi(b_i b_m + c_i c_m)$$

$$k_{jm} = k_{mj} = \phi(b_j b_m + c_j c_m)$$

$$\phi = \frac{\lambda}{4\Delta}$$

$$p_i = p_j = p_m = \frac{\Delta}{3}q_v$$

对于式(4-25)所示无内热源内部单元、第一类边界单元，由于内部没有热源，将式(4-43)中等号右侧项去掉，可得有限元求解矩阵：

$$K^e T^e = 0 \qquad (4\text{-}44)$$

对于式(4-26)所示第二类边界单元，变分公式中多了一项法向热流密度。在土壤直埋电力电缆温度场计算中，图4-2所示两侧第二类边界条件上，没有法向热流密度，因而有限元求解矩阵与第一类边界单元相同。

对于式(4-27)所示第三类边界单元，由于土壤直埋电力电缆温度场中第三类边界单元内也没有热源，因而有限元求解矩阵与式(4-44)相同，但系数矩阵中部分参数需要改变。取 j 和 m 为边界上的节点，则

$$k_{jj} = \phi\left(b_j^2 + c_j^2\right) + \frac{\alpha s_i}{3}, \quad k_{mm} = \phi\left(b_m^2 + c_m^2\right) + \frac{\alpha s_i}{3}$$

$$k_{jm} = k_{mj} = \phi(b_j b_m + c_j c_m) + \frac{\alpha s_i}{6}$$

$$s_i = \sqrt{\left(x_j - x_m\right)^2 + \left(y_j - y_m\right)^2} = \sqrt{b_i^2 + c_i^2}$$

其他系数同前。

相关的三角形单元的公共边及公共节点上的函数数值相同，将每个三角形单元上构造的函数 $T^e(x,y)$ 总体合成，就得到整个 D 域上的分片线性插值函数 $T(x,y)$。

这样，变分问题的离散化最终归结为一线性代数方程组，即以 T 值为未知量的二维温度场有限元方程：

$$KT = P \tag{4-45}$$

在稳态温度场计算中，各媒质的导热系数为常数，则式(4-45)为一线性方程组，可采用高斯消去法进行求解。其基本思想为：按序逐次消去未知量，把原来的方程组化为等价的三角形方程组，或者说，用矩阵行的初等变换将系数矩阵约化为简单的三角形矩阵；然后，按相反的顺序向上回代求解方程组。其计算过程可分为两步：第一步是正消过程，目的是把系数矩阵化为三角形矩阵；第二步是回代过程，目的是求解方程组的解。

4.3.2　土壤直埋暂态温度场计算的有限元方程[95]

由于电力部门的临时调度或发生故障时，电力电缆线路会暂时流过大于长期额定载流量的负荷；由于电力负荷的波动性，电力电缆线路也会流过非稳态的负荷电流，这些因素都会对电力电缆线路沿线的温度场分布带来较大的影响。国际电工委员会(IEC)规定，交联聚乙烯电力电缆在流过短路电流时，5s内绝缘层温度不容许超过250℃。因此，对土壤直埋电力电缆群暂态温度场的分析具有重要的意义。

式(4-2)给出了内部有热源的微元体的二维平面暂态微分方程，式(4-4)给出了内部没有热源的微元体的二维平面暂态微分方程。

对于有内热源的区域，如电力电缆缆芯导体、金属套、铠装层和绝缘层区域，取泛函：

$$J = \iint\limits_{D} \left[\frac{\lambda}{2}\left(\frac{\partial T}{\partial x}\right)^2 + \frac{\lambda}{2}\left(\frac{\partial T}{\partial y}\right)^2 - q_v T + \rho c_p \frac{\partial T}{\partial t} T \right] \mathrm{d}x\mathrm{d}y \tag{4-46}$$

式中，

ρ ——媒质的密度，kg/m^3；

c_p ——媒质的比热容，$J/(kg \cdot ℃)$。

对于无热源区域，如电力电缆的内衬层、外护层和土壤等区域，取泛函：

$$J = \iint\limits_{D} \left[\frac{\lambda}{2}\left(\frac{\partial T}{\partial x}\right)^2 + \frac{\lambda}{2}\left(\frac{\partial T}{\partial y}\right)^2 + \rho c_p \frac{\partial T}{\partial t} T \right] \mathrm{d}x\mathrm{d}y \tag{4-47}$$

对第一类边界条件，如土壤深层土壤温度恒定，其泛函与无热源区域泛函相同。

对第二类边界条件，如图 4-2 中左右两侧距离电力电缆 20000mm 边界线，取泛函：

$$J = \iint\limits_{D} \left[\frac{\lambda}{2}\left(\frac{\partial T}{\partial x}\right)^2 + \frac{\lambda}{2}\left(\frac{\partial T}{\partial y}\right)^2 + \rho c_p \frac{\partial T}{\partial t} T \right] \mathrm{d}x\mathrm{d}y + \oint\limits_{\Gamma} qT\mathrm{d}s \tag{4-48}$$

由于图 4-2 中左右两侧边界线上没有热流梯度，因而方程(4-48)可转换为式(4-47)。

对第三类边界条件，如图 4-2 中地表，取泛函：

$$J = \iint_D \left[\frac{\lambda}{2}\left(\frac{\partial T}{\partial x}\right)^2 + \frac{\lambda}{2}\left(\frac{\partial T}{\partial y}\right)^2 + \rho c_p \frac{\partial T}{\partial t}T \right] \mathrm{d}x\mathrm{d}y + \oint_\Gamma \alpha\left(\frac{1}{2}T^2 - T_f T\right)\mathrm{d}s \tag{4-49}$$

将 Galerkin 法引入上述方程，并进行求导，可得定义域为 D 的平面稳态温度场有限元计算的基本方程：

$$\frac{\partial J^D}{\partial T_l} = \iint_D \left[\lambda\left(\frac{\partial W_l}{\partial x}\frac{\partial T}{\partial x} + \frac{\partial W_l}{\partial y}\frac{\partial T}{\partial y}\right) - q_v W_l + \rho c_p W_l \frac{\partial T}{\partial t} \right] \mathrm{d}x\mathrm{d}y -$$

$$\int_\Gamma \lambda W_l \frac{\partial T}{\partial n}\mathrm{d}s = 0 \ (l = 1, 2, \cdots, n) \tag{4-50}$$

方程中的线积分项就可把边界条件式(4-9)、式(4-10)和式(4-11)代入，从而使方程(4-16)满足边界条件。

对于第一类边界条件，附加的线积分项等于 0，方程(4-50)转化为

$$\frac{\partial J^D}{\partial T_l} = \iint_D \left[\lambda\left(\frac{\partial W_l}{\partial x}\frac{\partial T}{\partial x} + \frac{\partial W_l}{\partial y}\frac{\partial T}{\partial y}\right) - q_v W_l + \rho c_p W_l \frac{\partial T}{\partial t} \right] \mathrm{d}x\mathrm{d}y = 0 \ (l = 1, 2, \cdots, n) \tag{4-51}$$

当内部没有热源时，方程(4-51)变为

$$\frac{\partial J^D}{\partial T_l} = \iint_D \left[\lambda\left(\frac{\partial W_l}{\partial x}\frac{\partial T}{\partial x} + \frac{\partial W_l}{\partial y}\frac{\partial T}{\partial y}\right) + \rho c_p W_l \frac{\partial T}{\partial t} \right] \mathrm{d}x\mathrm{d}y = 0 \ (l = 1, 2, \cdots, n) \tag{4-52}$$

对于第二类边界条件，将(4-10)代入，方程(4-50)转化为

$$\frac{\partial J^D}{\partial T_l} = \iint_D \left[\lambda\left(\frac{\partial W_l}{\partial x}\frac{\partial T}{\partial x} + \frac{\partial W_l}{\partial y}\frac{\partial T}{\partial y}\right) - q_v W_l + \rho c_p W_l \frac{\partial T}{\partial t} \right] \mathrm{d}x\mathrm{d}y +$$

$$\int_\Gamma q_2 W_l \mathrm{d}s = 0 \ (l = 1, 2, \cdots, n) \tag{4-53}$$

当内部没有热源时，方程(4-53)变为

$$\frac{\partial J^D}{\partial T_l} = \iint_D \left[\lambda\left(\frac{\partial W_l}{\partial x}\frac{\partial T}{\partial x} + \frac{\partial W_l}{\partial y}\frac{\partial T}{\partial y}\right) + \rho c_p W_l \frac{\partial T}{\partial t} \right] \mathrm{d}x\mathrm{d}y +$$

$$\int_\Gamma q_2 W_l \mathrm{d}s = 0 \ (l = 1, 2, \cdots, n) \tag{4-54}$$

对于第三类边界条件，将式(4-11)代入，式(4-50)转化为

$$\frac{\partial J^D}{\partial T_l} = \iint_D \left[\lambda \left(\frac{\partial W_l}{\partial x} \frac{\partial T}{\partial x} + \frac{\partial W_l}{\partial y} \frac{\partial T}{\partial y} \right) - q_v W_l + \rho c_p W_l \frac{\partial T}{\partial t} \right] dxdy +$$

$$\int_\Gamma \alpha W_l (T - T_f) ds = 0 \quad (l = 1, 2, \cdots, n) \tag{4-55}$$

当内部没有热源时，方程(4-55)变为

$$\frac{\partial J^D}{\partial T_l} = \iint_D \left[\lambda \left(\frac{\partial W_l}{\partial x} \frac{\partial T}{\partial x} + \frac{\partial W_l}{\partial y} \frac{\partial T}{\partial y} \right) + \rho c_p W_l \frac{\partial T}{\partial t} \right] dxdy +$$

$$\int_\Gamma \alpha W_l (T - T_f) ds = 0 \quad (l = 1, 2, \cdots, n) \tag{4-56}$$

区域 D 剖分与稳态时相同，假设共剖分为 E 个单元和 n 个节点，这时变分计算可以在单元中进行：

$$\frac{\partial J_e}{\partial T_l} = \iint_e \left[k \left(\frac{\partial W_l}{\partial x} \frac{\partial T}{\partial x} + \frac{\partial W_l}{\partial y} \frac{\partial T}{\partial y} \right) - q_v W_l + \rho c_p W_l \frac{\partial T}{\partial t} \right] dxdy -$$

$$\int_{\Gamma_e} k W_l \frac{\partial T}{\partial n} ds \quad (l = i, j, m) \tag{4-57}$$

这里，i，j 和 m 是三角形剖分单元的局部节点编号，即三角形单元的三个顶点。

对于内部有热源单元，如电力电缆缆芯导体、金属套、铠装层和绝缘层，单元变分的基本方程为

$$\frac{\partial J_e}{\partial T_l} = \iint_e \left[\lambda \left(\frac{\partial W_l}{\partial x} \frac{\partial T}{\partial x} + \frac{\partial W_l}{\partial y} \frac{\partial T}{\partial y} \right) - q_v W_l + \rho c_p W_l \frac{\partial T}{\partial t} \right] dxdy \quad (l = i, j, m) \tag{4-58}$$

对于内部无热源单元(如电力电缆的内衬层和外护层、土壤等区域)和第一类边界单元，单元变分的基本方程为

$$\frac{\partial J_e}{\partial T_l} = \iint_e \left[\lambda \left(\frac{\partial W_l}{\partial x} \frac{\partial T}{\partial x} + \frac{\partial W_l}{\partial y} \frac{\partial T}{\partial y} \right) + \rho c_p W_l \frac{\partial T}{\partial t} \right] dxdy \quad (l = i, j, m) \tag{4-59}$$

对于第二类边界单元，变分计算的基本方程为

$$\frac{\partial J_e}{\partial T_l} = \iint_e \left[\lambda \left(\frac{\partial W_l}{\partial x} \frac{\partial T}{\partial x} + \frac{\partial W_l}{\partial y} \frac{\partial T}{\partial y} \right) + \rho c_p W_l \frac{\partial T}{\partial t} \right] dxdy + \int_{jm} q_2 W_l ds \quad (l = i, j, m) \tag{4-60}$$

对于第三类边界单元，变分计算的基本方程为

$$\frac{\partial J_e}{\partial T_l} = \iint_e \left[\lambda \left(\frac{\partial W_l}{\partial x} \frac{\partial T}{\partial x} + \frac{\partial W_l}{\partial y} \frac{\partial T}{\partial y} \right) + \rho c_p W_l \frac{\partial T}{\partial t} \right] dxdy +$$

$$\int_{jm} \alpha W_l (T - T_f) ds \quad (l = i, j, m) \tag{4-61}$$

将式(4-58)、式(4-59)、式(4-60)和(4-61)代入式(4-50)就得到总体合成的有限元求解代数方程组，即

$$\frac{\partial J^D}{\partial T_l} = \sum_{e=1}^{E} \frac{\partial J_e}{\partial T_l} = 0 \ (l=1,2,\cdots,n) \tag{4-62}$$

方程(4-62)有n个代数式，可以计算n个节点温度。

与稳态温度场类似，取式(4-29)给出的线性插值函数，可得暂态平面温度场有限元计算的线性方程组，即

$$KT + N\frac{\partial T}{\partial t} = P \tag{4-63}$$

式中，

系数矩阵K和P中的参数与稳态温度场计算相同；

系数矩阵N由各个单元系数矩阵集成而成：$N = \sum N_e$。

单元系数矩阵N_e与K^e具有相同的维数，其中

$$n_{ii} = n_{jj} = n_{mm} = \frac{\rho c_p \Delta}{6}$$

$$n_{ij} = n_{ji} = n_{im} = n_{mi} = n_{jm} = n_{mj} = \frac{\rho c_p \Delta}{12}$$

暂态温度场的计算除了边界条件必须已知外，初始条件也必须是已知的，通常称它为初边值问题。求解就从初始温度场开始，每隔一个时间步长，求解下一时刻的温度场，这样一步一步向前推进，这种求解过程称为步进积分。

这类问题的求解特点是在空间域内用有限单元网格划分，而在时间域内则用有限差分网格划分。实质上是有限元和有限差分的混合解法。

有限差分求解暂态温度场常用Grank-Nicolson公式，有

$$\frac{1}{2}\left[\left(\frac{\partial T}{\partial t}\right)_t + \left(\frac{\partial T}{\partial t}\right)_{t-\Delta t}\right] = \frac{1}{\Delta t}(T_t - T_{t-\Delta t}) \tag{4-64}$$

分别计算式(4-45)在t和$t-\Delta t$时刻的值，然后代入式(4-63)，可得计算暂态温度场的Grank-Nicolson公式，即

$$\left([K] + \frac{2[N]}{\Delta t}\right)[T]_t = ([P]_t + [P]_{t-\Delta t}) + \left(\frac{2[N]}{\Delta t} - [K]\right)[T]_{t-\Delta t} \tag{4-65}$$

4.4　土壤直埋电力电缆群温度场有限元计算方法的验证

在给定每根电力电缆损耗的基础上，土壤直埋电力电缆群与土壤直埋有橡胶外套的发热管的温度场具有极高的相似性，因此可以用有橡胶外套的发热管模拟土壤直埋电力电缆群模型进行试验研究，同时利用有限元对温度场试验模型进行计算，对比两者结果，验证有限元在土壤直埋电力电缆群温度场计算中的有效性。

在此基础上，利用有限元与给定文献的土壤直埋试验结果进行对比，证明了有限元在土壤直埋电力电缆群温度场计算中具有较高的精度。

4.4.1 土壤热阻试验装置

土壤热阻可以采用准稳态法进行测量。试验装置如图4-7所示，包括待测试样、稳压电源、加热器、均热用铝箔和绝热层等。

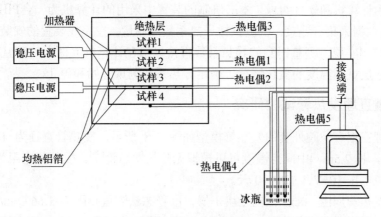

图 4-7 准稳态法测量热阻系数实验装置

试样为4块尺寸完全相同的圆饼，直径100mm，厚度8mm。试样表面要求平整、干净，使接触良好。稳压电源采用数字式直流稳压电源，通过恒流恒压的方式保证加热器功率的一致和均匀，而且数字式直流稳压电源大多可以直接显示电流和电压值，从而避免二次仪表测量加热功率带来的麻烦和误差。加热器采用中国空间技术研究院的125型薄膜电加热器。加热面积和试样相同。加热器两侧以及试样2和试样3之间放置与试样直径相同的均热铝箔，由于铝的导热系数很大，可以使得通过试样的热流均匀和稳定。为了减少实验过程中由于传热带来的测量误差，采用硬质聚氨酯发泡为绝热层材料。

温度测量系统用来测量热电偶的电势差并将数据传送到数据采集与处理系统。该系统由温度采集卡(包括接线端子)、热电偶和冰瓶等组成。温度采集卡的选择主要依据于温度测量精度的要求，根据导热系数测量装置的设计精度(3%～5%)要求，认为温度的测量精度不能低于0.1℃。通过对大量的测温仪表及采集卡的分析比较，最终认为NI公司生产的PCI-4351高精度温度采集卡可以很好地满足要求，其最大相对误差仅为0.0205%，可以满足要求。热电偶采用直径为0.2mm的铜—康铜热电偶，测量范围是-40℃～100℃，精度为±0.1℃。实验中，本装置使用热电偶直接测量两表面温差，避免了分别测两端表面温度再求得温差，减小了测量的误差。

实验系统中的数据采集与处理系统是实现导热系数测量自动化的关键，计算机接收采集到的电势差值后由热电偶的温度—电势关系式计算出试样两端的温度，并由式(4-66)计算出被测试样的导热系数值。

$$\lambda = \frac{Ql}{2A\Delta T_{max}} = \frac{2Ql}{\pi D^2 \Delta T_{max}} \tag{4-66}$$

式中,

    Q——从端面向试样加热的恒定功率,W;

    λ——试样的导热系数,W/(m·℃);

    A——试样面积,m^2;

    l——试样厚度,m;

    ΔT_{max}——稳定最大值,℃。

该系统由计算机和软件组成。本书研制的装置中采用的计算机为一台PIII工控机,通过PCI总线与数据采集卡连接。待测试样导热系数的测量,在完成装置的安装后,全部由计算机自动控制实现,测量得到的导热系数直接显示在计算机界面上,而且可以通过动态显示的上下层试样温度的变化情况,确定导热系数测量开始和停止。

4.4.2　土壤直埋发热管试验研究

土壤直埋三根有橡胶外套的发热管模型如图 4-8 所示。发热管直径为 12mm,外套 4mm 厚橡胶,长 2.5m,中间点温度可以模拟无限长发热管[96]。发热管电阻为 120Ω,两端加工频交流电压 105V,加电 10 天。

试验中发热管周围 10cm 范围土壤干燥,准稳态法测量热阻为 1.66℃·m/W。外部土壤热阻不变,准稳态法测量热阻为 0.78℃·m/W。橡胶热阻为 4℃·m/W。据此建立有限元模型,有限元计算结果与试验结果如图 4-9 所示。

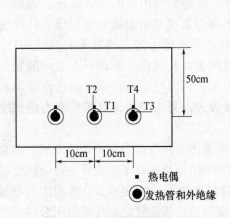

图 4-8　发热管试验模型

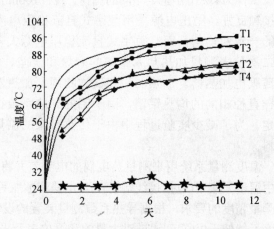

图 4-9　直埋发热管有限元计算与试验结果对比

图中点画线表示试验结果,实线表示计算结果。

在试验中,由于天气变化造成空气和土壤温度的变化,使得测量所得发热管温度上升过程出现小的波动,而有限元计算中没有考虑环境变化的影响,因此图4-9中曲线在开始阶段有一定误差,随着时间的延长,发热管温度逐步趋于稳定,随外部环境温度变化变缓,试验与有限元计算结果趋于一致。

试验证明了有限元在土壤直埋无限长发热管温度场计算中的有效性。根据相似性原理,可以将其推广到土壤直埋电力电缆温度场计算,而不会丢失其有效性。

4.4.3　与文献对比验证有限元计算方法

参考文献[51]中，李洪杰教授通过地下电力电缆表面温度估计土壤的参数，并在此基础上预测电力电缆的载流量。文中以230kV 500MVA 2000mm²油纸绝缘电力电缆为例，进行了试验和研究。电力电缆敷设于地下1.5m处，土壤热阻系数为0.63℃·m/W，土壤环境温度为27.21℃。电力电缆结构参数如表4-1所示。

表 4-1　电力电缆结构参数

结　构	导体外径	导体屏蔽	绝缘	绝缘屏蔽	金属护套	外护
厚度(mm)	57.7	0.3	20	0.4	6.4	5.0

依据文献给定参数，利用本章给定的有限元方法，计算所得结果如图4-10所示。

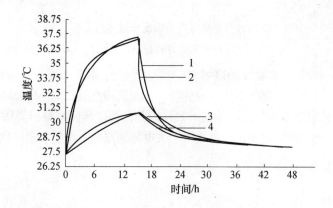

图 4-10　有限元计算结果与文献试验结果对比

1—有限元计算导体温度；2—试验导体温度；3—试验电力电缆表面温度；4—有限元计算电力电缆表面温度。

对比图 4-10 中试验与计算结果，两者的最高温度均为 37℃，最低温度均为 28℃，而且温度的上升与下降曲线基本一致。

综上所述，无论是发热管试验还是文献结果与有限元计算结果的对比，均表明有限元可以用于土壤直埋电力电缆群温度场的分析和计算，且具有较高的精度。

4.5　土壤直埋电力电缆群温度场

以 800mm² YJLW02 XLPE 电力电缆为例，电缆结构如表 3-3 所示。敷设条件为：电力电缆间距为 200mm，埋深为 1000mm，回填沙土距边相电力电缆 200mm，上下距电力电缆 200mm，土壤热阻 1.0℃·m/W，沙土热阻 2℃·m/W，空气温度 35℃，土壤深层温度 8℃。

4.5.1　温度场边界确定

文献[7]、[20]已经给出土壤深层温度不受电力电缆发热的影响，保持在一个恒定的值。但温度场区域的第一类边界和第二类边界距离电力电缆取多少合适，需要通过研究确定。

以给定电力电缆敷设情况为例，取第一类边界到电力电缆的距离和第二类边界到电力电缆的距离相等，不断调节直到电力电缆温度变化比较微弱为止，此时的距离即可作为计算边界。当单回路电力电缆双端接地，通以576A和1152A电流时，电力电缆导体温度随距离的变化关系如图4-11所示。

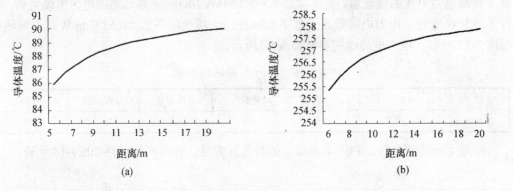

(a)　　　　　　　　　　　(b)

图 4-11　导体温度与温度场边界的关系

(a) 576A；(b) 1152A。

从上图可知，随着所取温度场区域第一类边界条件和第二类边界条件距离电力电缆长度的增大，电力电缆导体温度变化逐渐变缓，当距离增大到 20m 时，导体温度基本不再变化(<0.1℃)，而且电流大小，规律基本一致。因此，温度场区域第一类边界条件和第二类边界条件距离电力电缆应取 20m，可以适用于大电流回路电力电缆和多回路电力电缆。

4.5.2　温度场有限元计算

1. 稳态温度场计算

以前面给出的 800mm^2 电力电缆及其敷设条件为例，当通以 500A 的电流时，单回路电力电缆"一"字形排列单端接地时整个温度场域的温度分布如图 4-12 所示，最高温度为 45℃。

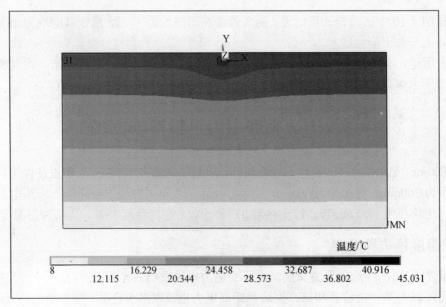

图 4-12　单回路电力电缆温度场图

从图 4-12 可以看出，在接近土壤深层第一类边界区域，土壤温度已趋于一致；在接近左右两侧第二类边界区域，其温度梯度已相等，且温度也趋于一致。这也证明了区域边界确定的正确性。

图 4-13 为图 4-12 中电力电缆导体温度分布的放大图。

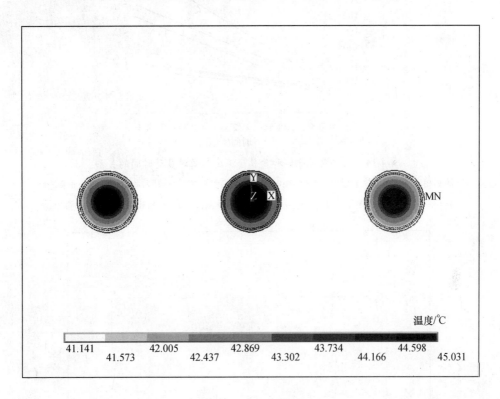

图 4-13　单回路电力电缆导体温度分布图

由于单端接地时，边相电力电缆的金属套损耗和导体损耗均小于中相电力电缆，且其散热条件好于中相电力电缆，因此中相电力电缆导体温度比边相导体温度高。

2. 暂态温度场

当电力电缆线路发生短路、过载时，电力电缆中将流过比额定负荷大的电流，造成发热的急剧上升。因此研究暂态温度场对于电力电缆短时载流量的合理确定具有重要意义。

1) 短路负荷计算

IEC949给出了各种绝缘材料的短路温度。短路温度是指载流体(导体、金属套、金属屏蔽等)在短路持续时间小于5s情况下的实际温度，它受载流体邻近材料的限制。以XLPE绝缘为例，短路温度为250℃。

电力电缆和敷设参数同稳态。图4-14给出了单回路双端接地电力电缆三根导体和三个金属套温度随短路负荷施加时间的变化关系。图4-15给出了5s后整个温度场域的温度分布图。图4-16给出了5s后电力电缆区域的温度场分布图。

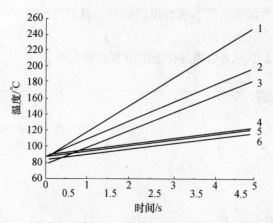

图 4-14 电力电缆导体和金属套温度与短时负荷时间的关系

1—滞后相电力电缆金属套温度；2—中相电力电缆金属套温度；3—超前相电力电缆金属套温度；

4—滞后相电力电缆导体温度；5—中相电力电缆导体温度；6—超前相电力电缆导体温度。

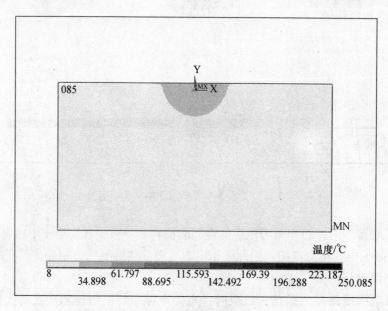

图 4-15 5s 后温度场分布图

结合图4-16和图4-18可知，滞后相电力电缆的金属套的温度在经受5s短路电流后首先达到250℃，这是由于滞后相电力电缆金属套的涡流损耗比其他相金属套以及导体交流损耗较大，而在短路负荷情况下，热量较多聚集在金属套本身，来不及向外扩散，引起金属套温度快速上升。

2) 超载运行

当电力电缆已经处于额定负荷稳态运行时，紧急需要短时间内在电力电缆线路原有电流的基础上叠加一个电流值，此时电力电缆线芯温度将超过连续负荷时的最高允许工作温度，但不超过该电力电缆所规定的允许超载最高温度。

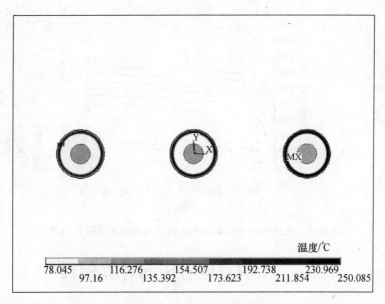

图 4-16　5s 后电力电缆温度图

有些资料表明：交联聚乙烯电力电缆超载允许最高工作温度 130℃，时限 100h，不得超过 5 次，且土壤中敷设时载流量增加不得大于 1.7 倍。电力电缆和敷设参数同上。图 4-17 给出了 100h 后单回路双端接地电力电缆区域温度场分布图，图 4-18 给出了单回路双端接地电力电缆三根导体和金属套随过载负荷施加时间的变化关系。

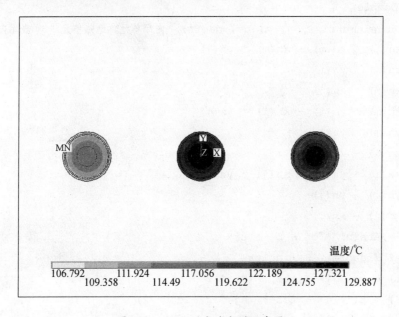

图 4-17　100h 后电力电缆温度图

此时，电力电缆施加的电流 720.5A 即为电力电缆可承受的过载负荷。允许过载负荷是长期额定载流量的 1.25 倍，满足规定。

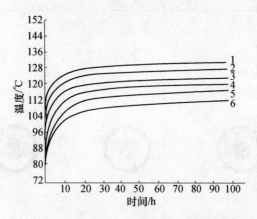

图 4-18　电力电缆导体和金属套温度与短时负荷时间的关系

4.6　土壤直埋有限元计算例程

```
Dim xn(), yn(), k(), P() As Double
Dim tx() As Integer
Dim cl, cd, ch, cl, sl, su, sw, sh As Integer
Dim sumnode As Integer
Dim maxr As Integer
Dim Q As Double
Private Sub element1(i, j, m, qv, daore) '内部单元，绝热单元，qv 表示内热源强度
    ai = xn(j) * yn(m) - xn(m) * yn(j)
    bi = yn(j) - yn(m)
    ci = xn(m) - xn(j)
    aj = xn(m) * yn(i) - xn(i) * yn(m)
    bj = yn(m) - yn(i)
    cj = xn(i) - xn(m)
    am = xn(i) * yn(j) - xn(j) * yn(i)
    bm = yn(i) - yn(j)
    cm = xn(j) - xn(i)
    delta = Abs(bi * cj - bj * ci)
    fai = 1 / daore / 2 / delta
    k(i, i) = k(i, i) + fai * (bi ^ 2 + ci ^ 2)
    k(j, j) = k(j, j) + fai * (bj ^ 2 + cj ^ 2)
    k(m, m) = k(m, m) + fai * (bm ^ 2 + cm ^ 2)
    k(i, j) = k(i, j) + fai * (bi * bj + ci * cj)
    k(j, i) = k(j, i) + fai * (bi * bj + ci * cj)
    k(i, m) = k(i, m) + fai * (bi * bm + ci * cm)
```

104

```
    k(m, i) = k(m, i) + fai * (bi * bm + ci * cm)
    k(j, m) = k(j, m) + fai * (bj * bm + cj * cm)
    k(m, j) = k(m, j) + fai * (bj * bm + cj * cm)
    P(i) = P(i) + delta / 6 * qv
    P(j) = P(j) + delta / 6 * qv
    P(m) = P(m) + delta / 6 * qv
End Sub
Private Sub element12(i, j, m, qv, daore, Ta)  '第一类边界单元，qv 表示内热源强度
    ai = xn(j) * yn(m) - xn(m) * yn(j)
    bi = yn(j) - yn(m)
    ci = xn(m) - xn(j)
    aj = xn(m) * yn(i) - xn(i) * yn(m)
    bj = yn(m) - yn(i)
    cj = xn(i) - xn(m)
    am = xn(i) * yn(j) - xn(j) * yn(i)
    bm = yn(i) - yn(j)
    cm = xn(j) - xn(i)
    delta = Abs(bi * cj - bj * ci)
    fai = 1 / daore / 2 / delta
    k(i, i) = k(i, i) + fai * (bi ^ 2 + ci ^ 2)
    k(j, j) = 1
    k(m, m) = k(m, m) + fai * (bm ^ 2 + cm ^ 2)
    k(j, i) = 0
    k(i, j) = k(i, j) + fai * (bi * bj + ci * cj)
    k(j, m) = 0
    k(m, i) = k(m, i) + fai * (bi * bm + ci * cm)
    k(i, m) = k(i, m) + fai * (bi * bm + ci * cm)
    k(m, j) = k(m, j) + fai * (bj * bm + cj * cm)
    P(j) = Ta
    P(i) = P(i) + delta / 6 * qv
    P(m) = P(m) + delta / 6 * qv
End Sub
Private Sub element13(i, j, m, qv, daore, Ta)  '第一类边界单元，qv 表示内热源强度
    ai = xn(j) * yn(m) - xn(m) * yn(j)
    bi = yn(j) - yn(m)
    ci = xn(m) - xn(j)
    aj = xn(m) * yn(i) - xn(i) * yn(m)
    bj = yn(m) - yn(i)
    cj = xn(i) - xn(m)
```

```
        am = xn(i) * yn(j) - xn(j) * yn(i)
        bm = yn(i) - yn(j)
        cm = xn(j) - xn(i)
        delta = Abs(bi * cj - bj * ci)
        fai = 1 / daore / 2 / delta
        k(i, i) = k(i, i) + fai * (bi ^ 2 + ci ^ 2)
        k(j, j) = 1
        k(m, m) = 1
        k(j, i) = 0
        k(m, i) = 0
        k(j, m) = 0
        k(i, m) = k(i, m) + fai * (bi * bm + ci * cm)
        k(m, j) = 0
        k(i, j) = k(i, j) + fai * (bi * bj + ci * cj)
        P(i) = P(i) + delta / 6 * qv
        P(j) = Ta
        P(m) = Ta
End Sub
Private Sub element2(i, j, m, qv, q2, daore)  '第二类边界单元，q2 为热流密度向量
        ai = xn(j) * yn(m) - xn(m) * yn(j)
        bi = yn(j) - yn(m)
        ci = xn(m) - xn(j)
        aj = xn(m) * yn(i) - xn(i) * yn(m)
        bj = yn(m) - yn(i)
        cj = xn(i) - xn(m)
        am = xn(i) * yn(j) - xn(j) * yn(i)
        bm = yn(i) - yn(j)
        cm = xn(j) - xn(i)
        delta = Abs(bi * cj - bj * ci)
        fai = 1 / daore / 2 / delta
        k(i, i) = k(i, i) + fai * (bi ^ 2 + ci ^ 2)
        k(j, j) = k(j, j) + fai * (bj ^ 2 + cj ^ 2)
        k(m, m) = k(m, m) + fai * (bm ^ 2 + cm ^ 2)
        k(i, j) = k(i, j) + fai * (bi * bj + ci * cj)
        k(j, i) = k(j, i) + fai * (bi * bj + ci * cj)
        k(i, m) = k(i, m) + fai * (bi * bm + ci * cm)
        k(m, i) = k(m, i) + fai * (bi * bm + ci * cm)
        k(j, m) = k(j, m) + fai * (bj * bm + cj * cm)
        k(m, j) = k(m, j) + fai * (bj * bm + cj * cm)
```

106

```
        si = Sqr(bi ^ 2 + ci ^ 2)
        P(i) = P(i) + delta / 6 * qv
        P(j) = P(j) + delta / 6 * qv - q2 * si / 2
        P(m) = P(m) + delta / 6 * qv - q2 * si / 2
End Sub
Private Sub element3(i, j, m, qv, daore, alfa, Tf)  '第三类边界单元，alfa 为换热系数，
                                                      TF 为空气温度
        ai = xn(j) * yn(m) - xn(m) * yn(j)
        bi = yn(j) - yn(m)
        ci = xn(m) - xn(j)
        aj = xn(m) * yn(i) - xn(i) * yn(m)
        bj = yn(m) - yn(i)
        cj = xn(i) - xn(m)
        am = xn(i) * yn(j) - xn(j) * yn(i)
        bm = yn(i) - yn(j)
        cm = xn(j) - xn(i)
        si = Sqr(bi ^ 2 + ci ^ 2)
        delta = Abs(bi * cj - bj * ci)
        fai = 1 / daore / 2 / delta
        k(i, i) = k(i, i) + fai * (bi ^ 2 + ci ^ 2)
        k(j, j) = k(j, j) + fai * (bj ^ 2 + cj ^ 2) + alfa * si / 3
        k(m, m) = k(m, m) + fai * (bm ^ 2 + cm ^ 2) + alfa * si / 3
        k(i, j) = k(i, j) + fai * (bi * bj + ci * cj)
        k(j, i) = k(j, i) + fai * (bi * bj + ci * cj)
        k(i, m) = k(i, m) + fai * (bi * bm + ci * cm)
        k(m, i) = k(m, i) + fai * (bi * bm + ci * cm)
        k(j, m) = k(j, m) + fai * (bj * bm + cj * cm) + alfa * si / 6
        k(m, j) = k(m, j) + fai * (bj * bm + cj * cm) + alfa * si / 6
        P(i) = P(i) + delta / 6 * qv
        P(j) = P(j) + delta / 6 * qv + alfa * si / 2 * Tf
        P(m) = P(m) + delta / 6 * qv + alfa * si / 2 * Tf
End Sub


Private Sub Gauss()'代数方程组求解
    Dim temp1 As Double
    Dim temp2 As Integer
    For i = 0 To sumnode - 2
        big = Abs(k(i, i))
        lmax = i
```

```
rmax = i
For j = i To sumnode - 1
    For l = i To sumnode - 1
        If Abs(k(j, l)) > big Then
                lmax = j
                rmax = l
                big = Abs(k(j, l))
        End If
    Next
Next
If lmax = i Then
    If rmax <> i Then
        For j = 0 To sumnode - 1
            temp1 = k(j, i)
            k(j, i) = k(j, rmax)
            k(j, rmax) = temp1
        Next
        temp2 = tx(i)
        tx(i) = tx(rmax)
        tx(rmax) = temp2
    End If
Else
    If rmax = i Then
        For j = i To sumnode - 1
            temp1 = k(i, j)
            k(i, j) = k(lmax, j)
            k(lmax, j) = temp1
        Next
    Else
        For j = i To sumnode - 1
            temp1 = k(i, j)
            k(i, j) = k(lmax, j)
            k(lmax, j) = temp1
        Next
        For j = 0 To sumnode - 1
            temp1 = k(j, i)
            k(j, i) = k(j, rmax)
            k(j, rmax) = temp1
        Next
```

108

```
            temp2 = tx(i)
            tx(i) = tx(rmax)
            tx(rmax) = temp2
        End If
    End If
    If lmax <> i Then
        temp1 = P(i)
        P(i) = P(lmax)
        P(lmax) = temp1
    End If
    temp1 = k(i, i)
    P(i) = P(i) / temp1
    For j = i To sumnode - 1
        k(i, j) = k(i, j) / temp1
    Next
    For j = i + 1 To sumnode - 1
        temp1 = k(j, i)
        P(j) = P(j) - P(i) * temp1
        For l = i To sumnode - 1
            k(j, l) = k(j, l) - temp1 * k(i, l)
        Next
    Next
Next
If k(sumnode - 1, sumnode - 1) <> 0 Then
    P(sumnode - 1) = P(sumnode - 1) / k(sumnode - 1, sumnode - 1)
End If
For i = sumnode - 2 To 0 Step -1
    For j = i + 1 To sumnode - 1
        P(i) = P(i) - k(i, j) * P(j)
    Next
Next
For i = 0 To sumnode - 2
    If tx(i) <> i Then
        For j = i + 1 To sumnode - 1
            If tx(j) = i Then
                temp2 = tx(i)
                tx(i) = tx(j)
                tx(j) = temp2
                temp1 = P(i)
```

```vb
                P(i) = P(j)
                P(j) = temp1
            End If
        Next
    End If
Next
End Sub


Private Sub poufen() '剖分
    Call nodesum
    Text1.Text = sumnode
    sumnode = 0
    For i = 0 To duitrow - 1
        Call cablenode(i, sumnode)
    Next
    Call sandnode
    Call soilnode
    Text1.Text = sumnode
    For i = 0 To duitrow - 1
        If i = 0 Then
            Call ledgel(i)
            Call cablexishu(i)
            Call midr(i)
        ElseIf i = duitrow - 1 Then
            Call cablexishu(i)
            Call midr(i)
            Call ledger(i)
        Else
            Call cablexishu(i)
            Call midr(i)
            Call midl(i)
        End If
    Next
    Call ledged
    Call ledgeu
    Call soil
End Sub
Private Sub cablenode(i, sumnode) '生成电力电缆节点
    Dim r(4) As Integer
```

110

```
x1 = 0
If i = 0 Then
    x1 = 0
Else
    For j = 0 To i - 1
        x1 = x1 + (cd + 2 * cable(0, 0, j, 9) * c1)
    Next
End If
x1 = x1 + c1
x0 = x1 + cable(0, 0, i, 9) * c1
y0 = ch
xn(sumnode) = x0
yn(sumnode) = y0
sumnode = sumnode + 1
r(0) = cable(0, 0, i, 0) * c1
r(1) = cable(0, 0, i, 4) * c1
r(2) = cable(0, 0, i, 5) * c1
r(3) = cable(0, 0, i, 9) * c1
For j = 0 To 3
    For l = 0 To 11
        xn(sumnode) = x0 - r(j) * Cos(l * pi / 6)
        yn(sumnode) = y0 + r(j) * Sin(l * pi / 6)
        sumnode = sumnode + 1
    Next
Next
xn(sumnode) = x0 - r(3)
yn(sumnode) = y0 + r(3) / 2
sumnode = sumnode + 1
For j = 0 To 3
    If j <> 2 Then
        xn(sumnode) = x0 - r(3) + j * r(3) / 2
        yn(sumnode) = y0 + r(3)
        sumnode = sumnode + 1
    End If
Next
For j = 0 To 3
    If j <> 2 Then
        xn(sumnode) = x0 + r(3)
        yn(sumnode) = ch + r(3) - j * r(3) / 2
```

```
                sumnode = sumnode + 1
        End If
    Next
    For j = 0 To 3
        If j <> 2 Then
            xn(sumnode) = x0 + r(3) - j * r(3) / 2
            yn(sumnode) = ch - r(3)
            sumnode = sumnode + 1
        End If
    Next
    For j = 0 To 1
        xn(sumnode) = x0 - r(3)
        yn(sumnode) = ch - r(3) + j * r(3) / 2
        sumnode = sumnode + 1
    Next
    If i = 0 Then
        For j = 0 To 2
            xn(sumnode) = sl + (xl - sl) / 2
            yn(sumnode) = y0 + r(3) * j / 2
            sumnode = sumnode + 1
        Next
        xn(sumnode) = sl + (xl - sl) / 2
        yn(sumnode) = ch + r(3) + maxr
        sumnode = sumnode + 1
        For j = 0 To 4
            xn(sumnode) = x0 - r(3) + r(3) * j / 2
            yn(sumnode) = ch + r(3) + maxr
            sumnode = sumnode + 1
        Next
        xn(sumnode) = x0 + r(3) + cd / 4
        yn(sumnode) = ch + r(3) + maxr
        sumnode = sumnode + 1
        For j = 0 To 4
            xn(sumnode) = x0 + r(3) + cd / 4
            yn(sumnode) = ch + r(3) - r(3) * j / 2
            sumnode = sumnode + 1
        Next
        xn(sumnode) = x0 + r(3) + cd / 4
        yn(sumnode) = ch - r(3) - maxr
```

112

```
        sumnode = sumnode + 1
        For j = 0 To 4
            xn(sumnode) = x0 + r(3) - j * r(3) / 2
            yn(sumnode) = ch - r(3) - maxr
            sumnode = sumnode + 1
        Next
        xn(sumnode) = sl + (xl - sl) / 2
        yn(sumnode) = ch - r(3) - maxr
        sumnode = sumnode + 1
        For j = 0 To 1
            xn(sumnode) = sl + (xl - sl) / 2
            yn(sumnode) = ch - r(3) + j * r(3) / 2
            sumnode = sumnode + 1
        Next
        xn(sumnode) = x0 + r(3) + 2 * cd / 4
        yn(sumnode) = ch + r(3) + maxr
        sumnode = sumnode + 1
        For j = 0 To 4
            xn(sumnode) = x0 + r(3) + 2 * cd / 4
            yn(sumnode) = ch + r(3) - r(3) * j / 2
            sumnode = sumnode + 1
        Next
        xn(sumnode) = x0 + r(3) + 2 * cd / 4
        yn(sumnode) = ch - r(3) - maxr
        sumnode = sumnode + 1
    ElseIf i = duitrow - 1 Then
        For j = 0 To 2
            xn(sumnode) = xl - cd / 4
            yn(sumnode) = y0 + r(3) * j / 2
            sumnode = sumnode + 1
        Next
        xn(sumnode) = xl - cd / 4
        yn(sumnode) = ch + r(3) + maxr
        sumnode = sumnode + 1
        For j = 0 To 4
            xn(sumnode) = xl + r(3) * j / 2
            yn(sumnode) = ch + r(3) + maxr
            sumnode = sumnode + 1
        Next
```

```
xn(sumnode) = xl + 2 * r(3) + (cl - sl) / 2
yn(sumnode) = ch + r(3) + maxr
sumnode = sumnode + 1
For j = 0 To 4
    xn(sumnode) = xl + 2 * r(3) + (cl - sl) / 2
    yn(sumnode) = ch + r(3) - r(3) * j / 2
    sumnode = sumnode + 1
Next
xn(sumnode) = xl + 2 * r(3) + (cl - sl) / 2
yn(sumnode) = ch - r(3) - maxr
sumnode = sumnode + 1
For j = 0 To 4
    xn(sumnode) = xl + 2 * r(3) - j * r(3) / 2
    yn(sumnode) = ch - r(3) - maxr
    sumnode = sumnode + 1
Next
xn(sumnode) = xl - cd / 4
yn(sumnode) = ch - r(3) - maxr
sumnode = sumnode + 1
For j = 0 To 1
    xn(sumnode) = xl - cd / 4
    yn(sumnode) = ch - r(3) + j * r(3) / 2
    sumnode = sumnode + 1
Next
Else
For j = 0 To 2
    xn(sumnode) = xl - cd / 4
    yn(sumnode) = y0 + r(3) * j / 2
    sumnode = sumnode + 1
Next
xn(sumnode) = xl - cd / 4
yn(sumnode) = ch + r(3) + maxr
sumnode = sumnode + 1
For j = 0 To 4
    xn(sumnode) = xl + r(3) * j / 2
    yn(sumnode) = ch + r(3) + maxr
    sumnode = sumnode + 1
Next
xn(sumnode) = xl + 2 * r(3) + cd / 4
```

114

```
        yn(sumnode) = ch + r(3) + maxr
        sumnode = sumnode + 1
        For j = 0 To 4
            xn(sumnode) = xl + 2 * r(3) + cd / 4
            yn(sumnode) = ch + r(3) - r(3) * j / 2
            sumnode = sumnode + 1
        Next
        xn(sumnode) = xl + 2 * r(3) + cd / 4
        yn(sumnode) = ch - r(3) - maxr
        sumnode = sumnode + 1
        For j = 0 To 4
            xn(sumnode) = xl + 2 * r(3) - j * r(3) / 2
            yn(sumnode) = ch - r(3) - maxr
            sumnode = sumnode + 1
        Next
        xn(sumnode) = xl - cd / 4
        yn(sumnode) = ch - r(3) - maxr
        sumnode = sumnode + 1
        For j = 0 To 1
            xn(sumnode) = xl - cd / 4
            yn(sumnode) = ch - r(3) + j * r(3) / 2
            sumnode = sumnode + 1
        Next
        xn(sumnode) = xl + 2 * r(3) + 2 * cd / 4
        yn(sumnode) = ch + r(3) + maxr
        sumnode = sumnode + 1
        For j = 0 To 4
            xn(sumnode) = xl + 2 * r(3) + 2 * cd / 4
            yn(sumnode) = ch + r(3) - r(3) * j / 2
            sumnode = sumnode + 1
        Next
        xn(sumnode) = xl + 2 * r(3) + 2 * cd / 4
        yn(sumnode) = ch - r(3) - maxr
        sumnode = sumnode + 1
    End If
End Sub
Private Sub sandnode(sumnode)  '生成沙土节点
    nextnum = 8 + 8 * duitrow
    temp = 1
```

```
For i = 0 To 2
    xn(sumnode) = sl
    yn(sumnode) = ch + i * maxr / 2
    xn(sumnode + nextnum) = sl + sw
    yn(sumnode + nextnum) = ch - i * maxr / 2
    sumnode = sumnode + 1
    temp = temp + 1
Next
xn(sumnode) = sl
yn(sumnode) = ch + 2 * maxr
xn(sumnode + nextnum) = sl + sw
yn(sumnode + nextnum) = ch - 2 * maxr
sumnode = sumnode + 1
temp = temp + 1
For i = 0 To 2
    xn(sumnode) = sl + i * (cl - sl) / 2
    yn(sumnode) = ch + sh / 2
    xn(sumnode + nextnum) = sl + sw - i * (cl - sl) / 2
    yn(sumnode + nextnum) = su
    sumnode = sumnode + 1
    temp = temp + 1
Next
xr = sl + sw - (cl - sl)
For j = 0 To duitrow - 1
    If j = 0 Then
        xl = cl
        xr = sl + sw - (cl - sl)
    Else
        xl = 0
        xr = 0
        For i = 0 To j - 1
            xl = xl + (2 * cable(0, 0, j, 9) * cl + cd)
            xr = xr + (2 * cable(0, 0, duitrow - j, 9) * cl + cd)
        Next
        xl = xl + cl
        xr = sl + sw - (cl - sl) - xr
    End If
    For i = 1 To 4
        xn(sumnode) = xl + i * cable(0, 0, j, 9) * cl / 2
```

```
            yn(sumnode) = ch + sh / 2
            xn(sumnode + nextnum) = xr-i*cable(0, 0, duitrow -1-j,9) * c1 / 2
            yn(sumnode + nextnum) = su
            sumnode = sumnode + 1
            temp = temp + 1
        Next
      If j = duitrow - 1 Then
        For i = 1 To 2
            xn(sumnode) = xl + 2 * cable(0, 0, j, 9) * c1 + i*(cl - sl)/2
            yn(sumnode) = ch + sh / 2
            xn(sumnode + nextnum) = xr - 2 * cable(0, 0, duitrow - 1 - j, 9)
* c1 - i * (cl - sl) / 2
            yn(sumnode + nextnum) = su
            sumnode = sumnode + 1
            temp = temp + 1
        Next
        xn(sumnode) = sl + sw
        yn(sumnode) = ch + 2 * maxr
        xn(sumnode + nextnum) = sl
        yn(sumnode + nextnum) = ch - 2 * maxr
        sumnode = sumnode + 1
        temp = temp + 1
        For i = 0 To 1
            xn(sumnode) = sl + sw
            yn(sumnode) = ch + maxr - i * maxr / 2
            xn(sumnode + nextnum) = sl
            yn(sumnode + nextnum) = ch - maxr + i * maxr / 2
            sumnode = sumnode + 1
            temp = temp + 1
        Next
      Else
        For i = 1 To 4
            xn(sumnode) = xl + 2 * cable(0, 0, j, 9) * c1+i*cd/4
            yn(sumnode) = ch + sh / 2
            xn(sumnode + nextnum) = xr - 2 * cable(0, 0, duitrow - 1 - j, 9)
* c1 - i * cd / 4
            yn(sumnode + nextnum) = su
            sumnode = sumnode + 1
            temp = temp + 1
```

```
            Next
        End If
    Next
    sumnode = sumnode + temp - 1
End Sub
Private Sub soilnode(sumnode, pounum) '生成土壤节点
    xl = sl / pounum
    xr = xl
    xu = su / pounum
    xd = (Picture1.Height - su - sh) / pounum
    Dim yc(), xc() As Integer
    ReDim xc(8 * duitrow + 1)
    ReDim yc(9 + 2 * pounum)
    For i = 0 To pounum - 1
        yc(i) = i * xu
    Next
    yc(pounum) = su
    yc(pounum + 1) = ch - 2 * maxr
    yc(pounum + 2) = ch - maxr
    yc(pounum + 3) = ch - maxr / 2
    yc(pounum + 4) = ch
    yc(pounum + 5) = ch + maxr / 2
    yc(pounum + 6) = ch + maxr
    yc(pounum + 7) = ch + 2 * maxr
    yc(pounum + 8) = su + sh
    For i = 1 To pounum
        yc(pounum + 8 + i) = su + sh + i * xd
    Next
    xc(0) = sl
    xc(1) = sl + (cl - sl) / 2
    For i = 0 To duitrow - 1
        If i = 0 Then
            temp = cl
        Else
            temp = 0
            For j = 0 To i - 1
                temp = temp + 2 * cable(0, 0, j, 9) * cl + cd
            Next
            temp = temp + cl
```

```
        End If
        xc(2 + i * 8) = temp
        xc(i * 8 + 3) = temp + 1 * cable(0, 0, i, 9) * c1 / 2
        xc(i * 8 + 4) = temp + 2 * cable(0, 0, i, 9) * c1 / 2
        xc(i * 8 + 5) = temp + 3 * cable(0, 0, i, 9) * c1 / 2
        xc(i * 8 + 6) = temp + 4 * cable(0, 0, i, 9) * c1 / 2
        If i = duitrow - 1 Then
            xc(i*8+7)= temp + 2 * cable(0,0,i,9)*c1+(cl-sl)/2
            xc(i*8+8)=temp+2*cable(0,0,i,9)*c1+2*(cl-sl)/2
        Else
            xc(i*8+7)=temp+2*cable(0,0,i,9)*c1+cd/4
            xc(i*8+8)=temp+2*cable(0,0,i,9)*c1+2*cd/4
            xc(i*8+9)=temp+2*cable(0,0,i,9)*c1+3*cd/4
        End If
    Next
    For i = 0 To 8 * duitrow
        For j = 1 To pounum
            xn(sumnode) = xc(i)
            yn(sumnode) = yc(pounum + 8 + j)
            sumnode = sumnode + 1
        Next
    Next
    For i = 0 To 8 * duitrow
        For j = 1 To pounum
            xn(sumnode) = xc(i)
            yn(sumnode) = yc(pounum - j)
            sumnode = sumnode + 1
        Next
    Next
    For i = 1 To pounum
        For j = 0 To 2 * pounum + 8
            xn(sumnode) = sl - i * xl
            yn(sumnode) = yc(j)
            sumnode = sumnode + 1
        Next
    Next
    For i = 1 To pounum
        For j = 0 To 2 * pounum + 8
            xn(sumnode) = sl + sw + i * xr
```

```vb
            yn(sumnode) = yc(j)
            sumnode = sumnode + 1
        Next
    Next
End Sub
Private Sub soil(pounum)  '生成系数矩阵
    For i = 0 To 8 * duitrow - 1
        temp1 = 92 * duitrow - 7 + 4 + i
        temp3 = 92 * duitrow-7+18+2*(8 * duitrow - 1) + pounum * i
        Call element1(temp1, temp3 + pounum, temp1 + 1, 0, RTsoil)
        Call element1(temp1, temp3, temp3 + pounum, 0, RTsoil)
        For j = 0 To pounum - 3
            Call element1(temp3 + j, temp3 + j + pounum + 1, temp3 + j + pounum,
0, RTsoil)
            Call element1(temp3 + j, temp3 + j + 1, temp3 + j + pounum + 1, 0, RTsoil)
        Next
        Call element12(temp3 + pounum - 2, temp3 + 2 * pounum - 1, temp3 + 2
* pounum - 2, 0, RTsoil, Tsoil)
        Call element13(temp3 + pounum - 2, temp3 + pounum - 1, temp3 + 2 * pounum
- 1, 0, RTsoil, Tsoil)
    Next
    For i = 0 To 8 * duitrow - 1
        temp1 = 92 * duitrow - 7 + 14 + 2 * (8 * duitrow - 1) - i
        temp3 = 92 * duitrow - 7 + 18 + 2 * (8 * duitrow - 1) + pounum * (8 *
duitrow + 1) + i * pounum
        Call element1(temp1, temp1 - 1, temp3 + pounum, 0, RTsoil)
        Call element1(temp1, temp3 + pounum, temp3, 0, RTsoil)
        For j = 0 To pounum - 3
            Call element1(temp3 + j, temp3 + j + pounum, temp3 + j + pounum +
1, 0, RTsoil)
            Call element1(temp3 + j, temp3 + j + pounum + 1, temp3 + j + 1, 0, RTsoil)
        Next
        Call element1(temp3 + pounum - 2, temp3 + 2 * pounum - 2, temp3 + 2 *
pounum - 1, 0, RTsoil)
        Call element3(temp3 + pounum - 2, temp3 + 2 * pounum - 1, temp3 + pounum
- 1, 0, RTsoil, 12.5, Tair)
    Next
    For i = 1 To pounum
        temp1 = 92 * duitrow - 7 + 18 + 2 * (8 * duitrow - 1) + 2 * pounum *
```

```
(8 * duitrow + 1) + (i - 1)*(2*pounum+9)
      If i = 1 Then
        temp2 = 92 * duitrow - 7 + 18 + 2 * (8 * duitrow - 1) + pounum * (8
* duitrow + 1) + pounum - 1
        temp3=92*duitrow-7+18 + 2 * (8 * duitrow - 1) - 4
        Call element1(temp1+1, temp2 - 1, temp2, 0, RTsoil)
        Call element3(temp1+1, temp2,temp1,0,RTsoil, 12.5, Tair)
        For j = 1 To pounum - 2
           Call element1(temp1 + j + 1, temp2 - j - 1, temp2 - j, 0, RTsoil)
           Call element1(temp1 + j + 1,temp2 - j, temp1 + j, 0, RTsoil)
        Next
        Call element1(temp1 + punum, temp3, temp2 - pounum + 1, 0, RTsoil)
        Call element1(temp1 + pounum, temp2 - pounum + 1, temp1 + pounum -
1, 0, RTsoil)
        For j = pounum + 1 To pounum + 3
           Call element1(temp1 + j, temp3 + j - pounum, temp3 + j - (pounum
+ 1), 0, RTsoil)
           Call element1(temp1 + j, temp3 + j - (pounum + 1), temp1 + j -
1, 0, RTsoil)
        Next
        temp4 = 92 * duitrow - 7
        Call element1(temp1 + pounum + 4, temp4, temp3 + 3, 0, RTsoil)
        Call element1(temp1 + pounum + 4, temp3 + 3, temp1 + pounum + 3, 0,
RTsoil)
        For j = pounum + 4 To pounum + 7
           Call element1(temp1 + j, temp4 + j - (pounum + 3), temp4 + j -
(pounum + 4), 0, RTsoil)
           Call element1(temp1+j,temp1+j+1,temp4 +j-(pounum + 3),0, RTsoil)
        Next
        temp2 = 92 * duitrow - 7 + 18 + 2 * (8 * duitrow - 1)
        Call element1(temp1 + pounum + 8, temp2, temp4 + 4, 0, RTsoil)
        Call element1(temp1 + pounum + 8, temp1 + pounum + 9, temp2, 0, RTsoil)
        For j = pounum + 9 To 2 * pounum + 7
           If j = 2 * pounum + 7 Then
               Call element12(temp1 + j, temp2 + j - (pounum + 8), temp2 +
j - (pounum + 9), 0, RTsoil, Tsoil)
               Call element13(temp1 + j, temp1 + j + 1, temp2 + j - (pounum
+ 8), 0, RTsoil, Tsoil)
           Else
```

```
                    Call element1(temp1 + j, temp2 + j - (pounum + 8), temp2 +
j - (pounum + 9), 0, RTsoil)
                    Call element1(temp1 + j, temp1 + j + 1, temp2 + j - (pounum
+ 8), 0, RTsoil)
                End If
            Next
        Else
            temp1 = 92 * duitrow - 7 + 18 + 2 * (8 * duitrow - 1) + 2 * pounum
* (8 * duitrow + 1) + (i - 1) * (2 * pounum + 9)
            temp2 = 92 * duitrow - 7 + 18 + 2 * (8 * duitrow - 1) + 2 * pounum
* (8 * duitrow + 1) + (i - 2) * (2 * pounum + 9)
            For j = 1 To pounum + 4
            If j = 1 Then
                Call element1(temp1 + j, temp2 + j, temp2, 0, RTsoil)
                Call element3(temp1 + j, temp2, temp1, 0, RTsoil, 12.5, Tair)
            Else
                Call element1(temp1 + j, temp2 + j, temp2 + j - 1, 0, RTsoil)
                Call element1(temp1 + j, temp2 + j - 1, temp1 + j - 1, 0, RTsoil)
            End If
            Next
            For j = pounum + 4 To 2 * pounum + 7
            If j = 2 * pounum + 7 Then
              Call element12(temp1 + j, temp2 + j + 1, temp2 + j, 0, RTsoil, Tsoil)
                Call element13(temp1 + j, temp1 + j + 1, temp2 + j + 1, 0,
RTsoil, Tsoil)
            Else
                Call element1(temp1 + j, temp2 + j + 1, temp2 + j, 0, RTsoil)
                Call element1(temp1 + j, temp1 + j + 1, temp2 + j + 1, 0, RTsoil)
            End If
            Next
        End If
    Next
    For i = 1 To pounum
        temp1 = 92 * duitrow - 7 + 18 + 2 * (8 * duitrow - 1) + 2 * pounum *
(8 * duitrow + 1) + (pounum + i - 1) * (2 * pounum + 9)
        If i = 1 Then
            temp2 = 92 * duitrow - 7 + 18 + 2 * (8 * duitrow - 1) + 2 * pounum
* (8 * duitrow + 1) - 1
            temp3 = 92 * duitrow - 7 + 4 + 8 * duitrow - 1 + 9
```

```
            Call element1(temp1 + 1, temp2, temp2 - 1, 0, RTsoil)
            Call element3(temp1 + 1, temp1, temp2, 0, RTsoil, 12.5, Tair)
            For j = 1 To pounum - 2
                Call element1(temp1 + 1 + j, temp2 - j, temp2 - j - 1, 0, RTsoil)
                Call element1(temp1 + 1 + j, temp1 + j, temp2 - j, 0, RTsoil)
            Next
            Call element1(temp1 + pounum, temp2 - pounum + 1, temp3, 0, RTsoil)
            Call element1(temp1 + pounum, temp1 + pounum - 1, temp2 - pounum +
1, 0, RTsoil)
            For j = pounum + 1 To pounum + 8
                Call element1(temp1 + j, temp3 - j + pounum + 1, temp3 - j + pounum,
0, RTsoil)
                Call element1(temp1 + j, temp1 + j - 1, temp3 - j + pounum + 1,
0, RTsoil)
            Next
            temp2 = 92 * duitrow - 7 + 18 + 2 * (8 * duitrow - 1) + pounum * 8
* duitrow
            Call element1(temp1 + pounum + 8, temp3 - 8, temp2, 0, RTsoil)
            Call element1(temp1 + pounum + 8, temp2, temp1 + pounum + 9, 0, RTsoil)
            For j = pounum + 9 To 2 * pounum + 7
                If j = 2 * pounum + 7 Then
                    Call element12(temp2 + j - (pounum + 9), temp2 + j - (pounum
+ 8), temp3 + j, 0, RTsoil, Tsoil)
                    Call element13(temp1 + j, temp2 + j - (pounum + 8), temp1 +
j + 1, 0, RTsoil, Tsoil)
                Else
                    Call element1(temp2 + j - (pounum + 9), temp2 + j - (pounum
+ 8), temp3 + j, 0, RTsoil)
                    Call element1(temp1 + j, temp2 + j - (pounum + 8), temp1 +
j + 1, 0, RTsoil)
                End If
            Next
        Else
            temp1 = 92 * duitrow - 7 + 18 + 2 * (8 * duitrow - 1) + 2 * pounum
* (8 * duitrow + 1) + (pounum + i - 1) * (2 * pounum + 9)
            temp2 = 92 * duitrow - 7 + 18 + 2 * (8 * duitrow - 1) + 2 * pounum
* (8 * duitrow + 1) + (pounum + i - 2) * (2 * pounum + 9)
            For j = 1 To pounum + 4
                If j = 1 Then
```

```
                    Call element1(temp1 + j, temp2, temp2 + 1, 0, RTsoil)
                    Call element3(temp1 + j, temp1, temp2, 0, RTsoil, 12.5, Tair)
                Else
                    Call element1(temp1 + j, temp2 + j - 1, temp2 + j, 0, RTsoil)
                    Call element1(temp1 + j, temp1 + j - 1, temp2 + j - 1, 0, RTsoil)
                End If
            Next
            For j = pounum + 4 To 2 * pounum + 7
                If j = 2 * pounum + 7 Then
                    Call element12(temp2 + j, temp2 + j + 1, temp1 + j, 0, RTsoil,
Tsoil)
                    Call element13(temp1 + j, temp2 + j + 1, temp1 + j + 1, 0,
RTsoil, Tsoil)
                Else
                    Call element1(temp2 + j, temp2 + j + 1, temp1 + j, 0, RTsoil)
                    Call element1(temp1 + j, temp2 + j + 1, temp1 + j + 1, 0, RTsoil)
                End If
            Next
        End If
    Next
End Sub
Private Sub cablexishu(l)
    j = l * 92
    For i = j To j + 48
        If i >= j + 1 And i < j + 12 Then
                Call element1(j, i, i + 1, Q, RT(0, 0, 1, 0))
        ElseIf i = j + 12 Then
                Call element1(j, i, j + 1, Q, RT(0, 0, 1, 0))
        ElseIf i > j + 12 And i < j + 24 Then
                Call element1(i, i - 11, i - 12, 0, RT(0, 0, 1, 2))
                Call element1(i, i + 1, i - 11, 0, RT(0, 0, 1, 2))
        ElseIf i = j + 24 Then
                Call element1(i, i - 23, i - 12, 0, RT(0, 0, 1, 2))
                Call element1(i, i - 11, i - 23, 0, RT(0, 0, 1, 2))
        ElseIf i > j + 24 And i < j + 36 Then
                Call element1(i, i - 11, i - 12, 0, RT(0, 0, 1, 5))
                Call element1(i, i + 1, i - 11, 0, RT(0, 0, 1, 5))
        ElseIf i = j + 36 Then
                Call element1(i, i - 23, i - 12, 0, RT(0, 0, 1, 5))
```

124

```
                    Call element1(i, i - 11, i - 23, 0, RT(0, 0, 1, 5))
            ElseIf i > j + 36 And i < j + 47 Then
                    Call element1(i, i - 11, i - 12, 0, RT(0, 0, 1, 9))
                    Call element1(i, i + 1, i - 11, 0, RT(0, 0, 1, 9))
            ElseIf i = j + 48 Then
                    Call element1(i, i - 23, i - 12, 0, RT(0, 0, 1, 9))
                    Call element1(i, i - 11, i - 23, 0, RT(0, 0, 1, 9))
            End If
        Next
        For i = 0 To 3
            Call element1(i * 3 + j + 49, i * 3 + j + 38, i * 3 + j + 37, 0, RTsand)
            Call element1(i * 3 + j + 50, i * 3 + j + 38, i * 3 + j + 49, 0, RTsand)
            Call element1(i * 3 + j + 50, i * 3 + j + 39, i * 3 + j + 38, 0, RTsand)
            Call element1(i * 3 + j + 50, i * 3 + j + 51, i * 3 + j + 39, 0, RTsand)
            If i = 3 Then
                Call element1(i * 3 + j + 51, j + 37, i * 3 + j + 39, 0, RTsand)
            Else
                Call element1(i * 3 + j + 51, i * 3 + j + 40, i * 3 + j + 39, 0, RTsand)
            End If
        Next
        For i = 0 To 3
            Call element1(i * 6 + j + 61, i * 3 + j + 49, i * 3 + j + 37, 0, RTsand)
            Call element1(i * 6 + j + 61, i * 6 + j + 62, i * 3 + j + 49, 0, RTsand)
            Call element1(i * 6 + j + 62, i * 3 + j + 50, i * 3 + j + 49, 0, RTsand)
            Call element1(i * 6 + j + 62, i * 6 + j + 63, i * 3 + j + 50, 0, RTsand)
            Call element1(i * 6 + j + 63, i * 6 + j + 65, i * 3 + j + 50, 0, RTsand)
            Call element1(i * 6 + j + 63, i * 6 + j + 64, i * 6 + j + 65, 0, RTsand)
            Call element1(i * 6 + j + 65, i * 6 + j + 66, i * 3 + j + 50, 0, RTsand)
            Call element1(i * 6 + j + 66, i * 3 + j + 51, i * 3 + j + 50, 0, RTsand)
            If i = 3 Then
                Call element1(i * 6 + j + 66, j + 61, i * 3 + j + 51, 0, RTsand)
                Call element1(j + 61, j + 37, i * 3 + j + 51, 0, RTsand)
            Else
                Call element1(i * 6 + j + 66, i * 6 + j + 67, i * 3 + j + 51, 0, RTsand)
                Call element1(i * 6 + j + 67, i * 3 + j + 40, i * 3 + j + 51, 0, RTsand)
            End If
        Next
End Sub
Private Sub midr(l)
```

```
        j = 1 * 92
        For i = 0 To 5
            Call element1(i + j + 70, i + j + 85, i + j + 86, 0, RTsand)
            Call element1(i + j + 70, i + j + 86, i + j + 71, 0, RTsand)
        Next
End Sub
Private Sub midl(l)
        j = 1 * 92
        Call element1(j - 1, j + 83, j + 82, 0, RTsand)
        Call element1(j - 1, j - 2, j + 83, 0, RTsand)
        Call element1(j - 2, j + 84, j + 83, 0, RTsand)
        Call element1(j - 2, j - 3, j + 84, 0, RTsand)
        Call element1(j - 3, j + 61, j + 84, 0, RTsand)
        Call element1(j - 3, j - 4, j + 61, 0, RTsand)
        For i = 0 To 2
            Call element1(j - 4 - i, j + 62 + i, j + 61 + i, 0, RTsand)
            Call element1(j - 4 - i, j - i - 5, j + 62 + i, 0, RTsand)
        Next
End Sub
Private Sub ledgel()
        j = 92 * duitrow - 7
        For i = 0 To 2
            Call element1(j + i, 62 + i, 61 + i, 0, RTsand)
            Call element1(j + i, j + i + 1, 62 + i, 0, RTsand)
        Next
        Call element1(j + 3, j + 5, 64, 0, RTsand)
        Call element1(j + 3, j + 4, j + 5, 0, RTsand)
        j = 92 * duitrow + 2 * (8 * duitrow - 1) + 7
        Call element1(j, 82, j - 1, 0, RTsand)
        Call element1(j, j + 1, 82, 0, RTsand)
        For i = 1 To 2
            Call element1(i + j, 82 + i, 82 + i - 1, 0, RTsand)
            Call element1(i + j, i + j + 1, 82 + i, 0, RTsand)
        Next
        Call element1(j + 3, 61, 84, 0, RTsand)
        Call element1(j + 3, 92 * duitrow - 7, 61, 0, RTsand)
End Sub
Private Sub ledger()
        j = 92 * duitrow - 22
```

126

```
        i = 92 * duitrow - 7 + 4 + 8 * duitrow
    Call element1(i, i + 1, j, 0, RTsand)
    Call element1(i, j, i - 1, 0, RTsand)
    For l = 1 To 6
        Call element1(i + l, i + l + 1, j + l, 0, RTsand)
        Call element1(i + l, j + l, j + (l - 1), 0, RTsand)
    Next
    Call element1(i + 7, i + 8, i + 9, 0, RTsand)
    Call element1(i + 7, i + 9, j + 6, 0, RTsand)
End Sub
Private Sub ledged()
    l = 92 * duitrow - 2
    For j = 0 To duitrow - 1
        temp = j * 92 + 64
        If j = duitrow - 1 Then
            For m = 0 To 5
                Call element1(m + temp, l + j * 8 + m, l + j * 8 + m + 1, 0, RTsand)
                Call element1(m + temp, l + j * 8 + m + 1, temp + m + 1, 0, RTsand)
            Next
        Else
            For m = 0 To 5
                Call element1(m + temp, l + j * 8 + m, l + j * 8 + m + 1, 0, RTsand)
                Call element1(m + temp, l + j * 8 + 1 + m, temp + m + 1, 0, RTsand)
            Next
            Call element1(j * 92 + 70, l + j * 8 + 7, j * 92 + 85, 0, RTsand)
            Call element1(j * 92 + 70, l + j * 8 + 6, l + j * 8 + 7, 0, RTsand)
            Call element1(j * 92 + 85, l + j * 8 + 8, (j + 1) * 92 + 64, 0, RTsand)
            Call element1(j * 92 + 85, l + j * 8 + 7, l + j * 8 + 8, 0, RTsand)
        End If
    Next
End Sub
Private Sub ledgeu()
    l = 92 * duitrow + 8 * duitrow + 6
    For j = duitrow - 1 To 0 Step -1
        temp = j * 92 + 76
        If j = duitrow - 1 Then
            For m = 0 To 5
                Call element1(m + temp, l + (duitrow - 1 - j) * 8 + m, l + (duitrow
- 1 - j) * 8 + m + 1, 0, RTsand)
```

```
            Call element1(m + temp, 1 + (duitrow - 1 - j) * 8 + m + 1, m +
temp + 1, 0, RTsand)
         Next
         Call element1(temp + 6, 1 + (duitrow - 1 - j) * 8 + 6, 1 + (duitrow
- 1 - j) * 8 + 7, 0, RTsand)
         Call element1(temp + 6, 1 + (duitrow - 1 - j) * 8 + 7, j * 92 - 1,
0, RTsand)
      ElseIf j = 0 Then
         Call element1(j * 92 + 91, 1 + (duitrow - 1 - j) * 8 - 1, 1 + (duitrow
- 1 - j) * 8, 0, RTsand)
         Call element1(j * 92 + 91, 1 + (duitrow - 1 - j) * 8, j * 92 + 76,
0, RTsand)
         For m = 0 To 5
            Call element1(m + temp, 1 + (duitrow - 1 - j) * 8 + m, 1 + (duitrow
- 1 - j) * 8 + m + 1, 0, RTsand)
            Call element1(m + temp, 1 + (duitrow - 1 - j) * 8 + m + 1, m +
temp + 1, 0, RTsand)
         Next
      Else
         Call element1(j * 92 + 91, 1 + (duitrow - 1 - j) * 8 - 1, 1 + (duitrow
- 1 - j) * 8, 0, RTsand)
         Call element1(j * 92 + 91, 1 + (duitrow - 1 - j) * 8, j * 92 + 76,
0, RTsand)
         For m = 0 To 5
            Call element1(m + temp, 1 + (duitrow - 1 - j) * 8 + m, 1 + (duitrow
- 1 - j) * 8 + m + 1, 0, RTsand)
            Call element1(m + temp, 1 + (duitrow - 1 - j) * 8 + m + 1, m +
temp + 1, 0, RTsand)
         Next
         Call element1(j * 92 + 82, 1 + (duitrow - 1 - j) * 8 + 6, 1 + (duitrow
- 1 - j) * 8 + 7, 0, RTsand)
         Call element1(j * 92 + 82, 1 + (duitrow - 1 - j) * 8 + 7, j * 92 -
1, 0, RTsand)
      End If
   Next
End Sub

Private Sub nodesum(pounum) '总节点数
   sumnode = 92 * duitrow - 7
```

```
        sumnode = sumnode + 16 + 2 * 8 * duitrow
    For i = 1 To pounum
        sumnode = sumnode + 16 + 16 * duitrow + i * 8
    Next
    maxr = 0
    For i = 0 To duitrow - 1
        If cable(0, 0, i, 9) * c1 > maxr Then
            maxr = cable(0, 0, i, 9) * c1
        End If
    Next
    ReDim xn(sumnode)
    ReDim yn(sumnode)
    ReDim k(sumnode, sumnode)
    For i = 0 To sumnode - 1
        For j = 0 To sumnode - 1
            k(i, j) = 0
        Next
    Next
    ReDim P(sumnode)
    For i = 0 To sumnode - 1
        P(i) = 0
    Next
    ReDim tx(sumnode)
    For i = 0 To sumnode - 1
        tx(i) = i
    Next
End Sub

Private Sub comput_Click() '计算
    Call nodesum(8)
    Text1.Text = sumnode
    sumnode = 0
    For i = 0 To duitrow - 1
        Call cablenode(i, sumnode)
    Next
    Call sandnode(sumnode)
    Call soilnode(sumnode, 8)
    For i = 0 To sumnode - 1
        xn(i) = xn(i) / c1
```

129

```vb
        yn(i) = yn(i) / c1
    Next
    Icable1 = 980
    Q = Icable1 ^ 2 * Rdc(0, 0, 1) / pi / cable(0, 0, 1, 0) ^ 2
    For i = 0 To duitrow - 1
        If i = 0 Then
            Call ledgel
            Call cablexishu(i)
            Call midr(i)
        ElseIf i = duitrow - 1 Then
            Call midl(i)
            Call cablexishu(i)
            Call ledger
        Else
            Call midl(i)
            Call cablexishu(i)
            Call midr(i)
        End If
    Next
    Call ledged
    Call ledgeu
    Call soil(8)
    Call Gauss
    Open "f:\out1.dat" For Output As #1
    For i = 0 To sumnode - 1
        Print #1, tx(i), P(i)
    Next
    Close #1
End Sub
Private Sub exit_Click()'退出
    Unload Me
End Sub
```

第5章 排管、隧道、沟槽敷设高压 电力电缆温度场数值计算

5.1 引 言

随着城市建设的发展，土壤直埋电力电缆的不易维护和更换的缺点越来越突出，特别是随着用电负荷的增加，电力电缆线路的截面和回路数都增长很快，为了便于电力电缆的检修和替换，在城市内，排管、隧道和沟槽等三种敷设方式逐渐被广泛使用。

排管、隧道和沟槽三种敷设方式与土壤直埋敷设方式相比，在电力电缆和外围散热介质中增加了一层空气层。这部分空气层与地表空气不同，地表空气只与地表土壤相接，且地上空气可以看作热容无限大和恒温，因而可以作为第三类边界条件以对流换热的形式施加在边界上。排管、隧道和沟槽内部空气层一方面与电力电缆外壁接触，另一面与外围土壤等传热介质相接，其温度受电力电缆和外围土壤等传热介质的影响，不能看作热容无限大的等温体，而是热量传递过程中的一层热介质。因此排管、隧道和沟槽三种敷设方式下电力电缆的温度场是一个耦合了电力电缆本体和土壤的热传导、内部空气层的热对流、电力电缆外表面和排管(隧道或沟槽)内表面间的热辐射等三种方式共同存在的计算过程，同时也是固体传热和气体传热共存的流固耦合传热过程。

针对排管敷设电力电缆群，IEC-60287 根据经验公式给出了空气层的热阻；针对隧道和沟槽敷设方式，IEC-60287 是在自由空气敷设的基础上，给出了以经验公式为基础的计算方法。对于存在流场的温度场计算过程，经验公式往往存在较大的偏差和局限性。现有文献也没有考虑三种传热方式共轭计算的研究成果报道，大多仍是在标准基础上的研究。

三种敷设方式下内部空气层中的传热均包括内部空气的自然对流、电力电缆与周围的热辐射以及空气层的热传导，都是传导、自然对流和辐射三种导热方式共存的共轭温度场，而有限元是计算这种温度场的一种有效手段。本章在第 3 章给出的方法计算电力电缆损耗的基础上，以多个回路单芯和多芯 XLPE 电力电缆为研究对象，建立了基于有限元和涡量—流函数法的排管敷设电力电缆群、隧道敷设电力电缆群和沟槽敷设电力电缆群温度场稳态和暂态数值计算模型，给出了各种情况下的温度场分布情况和封闭空间内空气流场的分布情况，并在第 6 章阐述了热电耦合，用牛顿迭代法计算了三种敷设方式下多回路等截面、等负荷电力电缆群额定载流量、允许短路负荷及过载负荷，利用高斯—塞德尔迭代法计算了不等负荷电力电缆群的额定载流量。

通过发热管试验与有限元仿真计算的对比，验证了有限元在计算带有空气自然对流的共轭温度场时具有较高的精度，可以满足电力部门确定排管、隧道和沟槽敷设电力电缆群载流量的要求。

5.2　排管、隧道和沟槽敷设电力电缆模型

由于电力电缆线路相对于电力电缆截面以及热扩散断面来说，近似于无穷大。排管、隧道和沟槽电力电缆温度场可以简化为二维温度场模型进行分析和计算。

单回路"一"字形排列单芯电力电缆敷设于等间距三行三列(3×3)地下排管中时的温度场模型如图5-1所示。

图5-1中，单回路单芯电力电缆位于排管中间，电力电缆和排管间留有一定的空隙。排管直埋于地表以下一定深度，排管材质采用PVC、水泥等。温度场模型的边界确定与土壤直埋电力电缆群相同：深层土壤温度不变，符合第一类边界条件；距离排管左右两侧较远的地方，认为温度不受排管内电力电缆的影响，符合第二类边界条件；地表以对流方式换热，符合第三类边界条件。当三回路电力电缆穿于排管中时，边界取19000mm，最高温度为92.9℃；边界取20000mm，最高温度为93.1℃，因而与土壤直埋模型相似，无论电力电缆回路数多少，通常取排管以下20000mm为深层土壤边界，排管两侧20000mm为左右边界，可以准确计算排管敷设电力电缆温度场分布。

单回路三角形排列单芯电力电缆隧道敷设如图5-2所示。

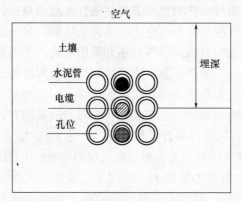

图5-1　排管敷设电力电缆温度场模型　　　　图5-2　隧道敷设电力电缆温度场模型

隧道通常位于地下十几米处，且空气层热容很大，可以认为其不受地表空气等的影响。其边界条件可均设定为第一类等温边界。

单回路"一"字形排列单芯电力电缆沟槽敷设如图5-3所示。沟槽敷设方式下边界条件的设定与直埋和排管敷设方式相同。

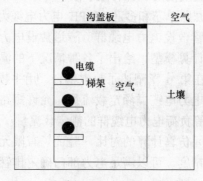

图5-3　沟槽敷设电力电缆温度场模型

5.3 稳态温度场有限元计算模型[97~100]

排管、隧道、沟槽电力电缆温度场都耦合了传导、对流、辐射三种传热方式。在电力电缆本体和土壤内仅存在传导传热，在电力电缆外表面和排管(隧道或沟槽)内表面间存在辐射传热，在空气域存在自然对流传热，因此整个场域可以分为三个部分进行分析。下面以排管敷设为例，介绍温度场控制方程及有限元模型。

5.3.1 热传导有限元模型

电力电缆本体及土壤中的热传导控制方程以及热源和温度场区域的外边界条件与第4章相同，其有限元计算方法也相同，这里不再赘述。

5.3.2 自然对流有限元模型

在二维直角坐标系中，排管内空气的自然对流过程可以用微元体内的质量守恒定律、动量守恒定律及能量守恒定律描述，并分别以连续性方程、动量方程和能量方程表示。

连续性方程：

$$\frac{\partial u}{\partial x} + \frac{\partial v}{\partial y} = 0 \tag{5-1}$$

式中，

u、v——流场速度向量在 x 和 y 轴的分量，m/s；

引入 Boussinesq 假设(流体中的黏性耗散略而不计；除密度外其他物性为常数；对密度仅考虑动量方程中与体积力有关的项，其余各项中的密度亦作为常数)和有限压力的概念，可得动量方程：

$$\begin{cases} \rho\left(u\dfrac{\partial u}{\partial x} + v\dfrac{\partial u}{\partial y}\right) = -\dfrac{\partial p}{\partial x} + \eta\left(\dfrac{\partial^2 u}{\partial x^2} + \dfrac{\partial^2 u}{\partial y^2}\right) + \rho g \alpha(T-T_r)\cos\theta \\ \rho\left(u\dfrac{\partial v}{\partial x} + v\dfrac{\partial v}{\partial y}\right) = -\dfrac{\partial p}{\partial y} + \eta\left(\dfrac{\partial^2 v}{\partial x^2} + \dfrac{\partial^2 v}{\partial y^2}\right) + \rho g \alpha(T-T_r)\sin\theta \end{cases} \tag{5-2}$$

式中，

T_r——参考温度，℃；

ρ——密度，kg/m^3；

p——流场的压力标量，Pa；

η——动力黏度，Pa·s；

α——体积膨胀系数，K^{-1}；

θ——重力加速度与 x 轴的夹角。

引入 Fourier 定律，可得稳态、单物质、不计粘性耗散、辐射和内热源时的能量方程：

$$u\frac{\partial T}{\partial x} + v\frac{\partial T}{\partial y} - \lambda\left(\frac{\partial^2 T}{\partial x^2} + \frac{\partial^2 T}{\partial y^2}\right) = 0 \tag{5-3}$$

式中,

γ ——流体的运动黏度,m^2/s;

λ ——流体的导温系数,$W/(m \cdot ℃)$。

在直角坐标系中的有限空间自然对流,一般可以忽略压力项的求解,可采用涡量—流函数作为待求函数的 Galerkin 有限单元法求解。

定义二维流函数 ψ 为

$$\begin{cases} \dfrac{\partial \psi}{\partial y} = u \\ \dfrac{\partial \psi}{\partial x} = -v \end{cases} \qquad (5\text{-}4)$$

定义二维涡量函数为

$$\omega = \frac{\partial u}{\partial y} - \frac{\partial v}{\partial x} \qquad (5\text{-}5)$$

把式(5-2)中两式交叉求导并相减,再引入涡量和流函数的定义,可得涡量、流函数的动量方程为

$$\frac{\partial^2 \psi}{\partial x^2} + \frac{\partial^2 \psi}{\partial y^2} - \omega = 0 \qquad (5\text{-}6)$$

$$\rho \frac{\partial}{\partial x}\left(\omega \frac{\partial \psi}{\partial y}\right) - \rho \frac{\partial}{\partial y}\left(\omega \frac{\partial \psi}{\partial x}\right) = \eta \left(\frac{\partial^2 \omega}{\partial x^2} + \frac{\partial^2 \omega}{\partial y^2}\right) + \rho g \alpha \left(\frac{\partial T}{\partial y}\cos\theta - \frac{\partial T}{\partial x}\sin\theta\right) \qquad (5\text{-}7)$$

引入涡量和流函数后,能量方程变为

$$\rho \frac{\partial}{\partial x}\left(T \frac{\partial \psi}{\partial y}\right) - \rho \frac{\partial}{\partial y}\left(T \frac{\partial \psi}{\partial x}\right) = \frac{\partial}{\partial x}\left(\frac{\lambda}{c_p}\frac{\partial T}{\partial x}\right) + \frac{\partial}{\partial y}\left(\frac{\lambda}{c_p}\frac{\partial T}{\partial y}\right) \qquad (5\text{-}8)$$

管内空气流场的边界条件如下。

在固体壁面(电力电缆表面和管内壁)上,由于黏性流体的 $u = v = 0$,所以流函数的壁面边界条件为

$$\begin{cases} \psi_w = 0 \\ \left(\dfrac{\partial \psi}{\partial x}\right)_w = 0 \\ \left(\dfrac{\partial \psi}{\partial y}\right)_w = 0 \end{cases} \qquad (5\text{-}9)$$

在壁面静止时,涡量的壁面边界条件可由流函数计算而得:

$$\omega_w = -2\left[\psi_i + \left(\frac{\partial \psi}{\partial n}\right)_w \Delta n\right]/(\Delta n)^2 \qquad (5\text{-}10)$$

在自然对流换热中，流函数、涡量及温度这三类变量是互相耦合的。由于流场问题本身的非线性，一般采用迭代法。

迭代求解步骤如下：

假设 $\bar{\psi}^{(0)}$，例如均取为 0，于是式(5-8)化为一个纯导热方程，求解该方程的 $\bar{T}^{(0)}$，这相当于以纯导热工况的解作为迭代初值；

利用 $\bar{\psi}^{(0)}$，$\bar{T}^{(0)}$，求解涡量方程，得 $\bar{\omega}^{(0)}$；

将 $\bar{\omega}^{(0)}$ 代入流函数方程得改进值 $\bar{\psi}^{(1)}$；

利用 $\bar{\psi}^{(1)}$，再次求解式，获得改进的 $\bar{T}^{(1)}$；同时按 $\bar{\omega}$ 边界值的计算式，获得边界涡量的改进值；

重复第二步及以下各步，直到获得收敛的解。

在上述计算过程中，式(5-8)转化为一个纯导热微分方程，计算过程与第 3 章固体传热的方法相同，这里不再重复。同时式(5-6)和式(5-7)均化为单一参量的方程，因此也可以采用与前面固体传热相同的方法进行计算。

涉及流场的计算，往往采用四边形网格进行剖分和计算，剖分原则为温度变化和关注的区域剖分密度要高，其他区域剖分密度稍小，可以减小对计算机的要求，而不降低计算精度。

图 5-4 给出排管敷设电力电缆群中单根电力电缆和排管及两者之间空气的剖分结果。图 5-5 给出了 9 根排管及内部空气和电力电缆的剖分图。从中可以看出，电力电缆区域和内部空气域的剖分密度最高。图 5-6 给出了整个场域的剖分结果图，周围土壤区域的剖分密度要小于电力电缆、内部空气和排管的剖分密度。

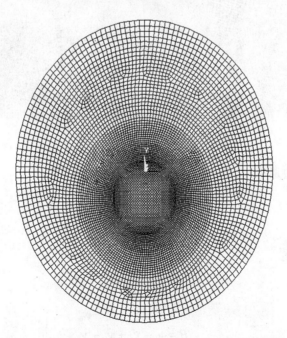

图 5-4　单根电力电缆、排管及内部空气四边形剖分图

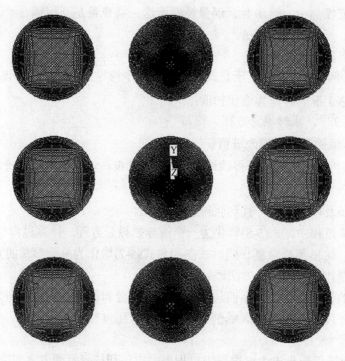

图 5-5　9 根排管、3 根电力电缆及内部空气四边形剖分图

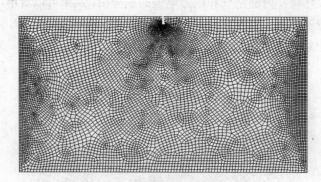

图 5-6　整场四边形剖分图

对于每一个四边形单元，设其 4 个顶点的坐标为 (x_i, y_i)，(x_j, y_j)，(x_k, y_k) 和 (x_m, y_m)。定义几个变量为

$$
\begin{cases}
a_1 = -x_i + x_j + x_k - x_m \\
a_2 = -y_i + y_j + y_k - y_m \\
a_3 = -x_i - x_j + x_k + x_m \\
a_4 = -y_i - y_j + y_k + y_m \\
A = x_i - x_j + x_k - x_m \\
B = y_i - y_j + y_k - y_m
\end{cases}
\tag{5-11}
$$

取 (ξ, η) 为单元内的局部坐标，设

$$\begin{cases} L_1 = a_1 + A\eta \\ L_2 = a_2 + B\eta \\ L_3 = a_3 + A\xi \\ L_4 = a_4 + A\xi \end{cases} \tag{5-12}$$

定义单元内的型函数为

$$\begin{cases} H_i = (1-\xi)(1-\eta)/4 \\ H_j = (1+\xi)(1-\eta)/4 \\ H_k = (1+\xi)(1+\eta)/4 \\ H_m = (1-\xi)(1+\eta)/4 \end{cases} \tag{5-13}$$

满足

$$\begin{cases} x = H_i x_i + H_j x_j + H_k x_k + H_m x_m \\ y = H_i y_i + H_j y_j + H_k y_k + H_m y_m \end{cases} \tag{5-14}$$

由此，对四边形单元，可构造双线性的插值函数

$$T = b_1 + b_2\xi + b_3\eta + b_4\xi\eta \tag{5-15}$$

式中 b_1、b_2、b_3 和 b_4 为待定系数，可用四边形 4 个顶点的坐标值和温度值代入而得到 4 个联立求解的代数方程组，即

$$\begin{bmatrix} 1 & -1 & -1 & 1 \\ 1 & 1 & -1 & -1 \\ 1 & 1 & 1 & 1 \\ 1 & -1 & 1 & -1 \end{bmatrix} \begin{bmatrix} b_1 \\ b_2 \\ b_3 \\ b_4 \end{bmatrix} = \begin{bmatrix} T_i \\ T_j \\ T_k \\ T_m \end{bmatrix} \tag{5-16}$$

对上述矩阵求逆，可以解得

$$\begin{cases} b_1 = (T_i + T_j + T_k + T_m)/4 \\ b_2 = (-T_i + T_j + T_k - T_m)/4 \\ b_3 = (-T_i - T_j + T_k + T_m)/4 \\ b_4 = (T_i - T_j + T_k - T_m)/4 \end{cases} \tag{5-17}$$

得单元内温度的表达式

$$T = H_i T_i + H_j T_j + H_k T_k + H_m T_m \tag{5-18}$$

根据伽略金公式，式(5-6)的变分式经过与导热微分方程完全相同的推导后，可得

$$\frac{\partial J^D}{\partial \psi_l} = \oint_\Gamma W_l \frac{\partial \psi}{\partial n} \mathrm{d}s - \iint_D \left(\frac{\partial W_l}{\partial x}\frac{\partial \psi}{\partial x} + \frac{\partial W_l}{\partial y}\frac{\partial \psi}{\partial y} - \omega W_l \right) \mathrm{d}x\mathrm{d}y = 0 \quad (l = 1, 2, \cdots, n) \tag{5-19}$$

对于四边形单元的变分式，可以写成

$$\frac{\partial J^e}{\partial \psi_l} = \oint_{km} W_l \frac{\partial \psi}{\partial n} \mathrm{d}s - \iint_e \left(\frac{\partial W_l}{\partial x} \frac{\partial \psi}{\partial x} + \frac{\partial W_l}{\partial y} \frac{\partial \psi}{\partial y} - \overline{\omega} W_l \right) \mathrm{d}x\mathrm{d}y = 0 \quad (l = i, j, k, m) \quad (5\text{-}20)$$

如果把式(5-20)的展开结果写成矩阵形式，则

$$\left(\frac{\partial J}{\partial \psi} \right)^e = [K]^e \{\psi\}^e - \{P\}^e = 0 \tag{5-21}$$

其中 $[K]^e$ 的矩阵元素为

$$k_{ln} = \sum_{s=1}^{M} \sum_{t=1}^{M} \omega_s \omega_t \frac{1}{256|J|} \left(E_l E_n + F_l F_n \right) \Big|_{(\xi_s, \eta_t)} \quad (l, n = i, j, k, m) \tag{5-22}$$

式(5-22)是一个对称正定矩阵，其中

$$E_l = L_1 \frac{\partial H_l}{\partial \eta} - L_3 \frac{\partial H_l}{\partial \xi}$$

$$E_n = L_1 \frac{\partial H_n}{\partial \eta} - L_3 \frac{\partial H_n}{\partial \xi}$$

$$F_l = L_2 \frac{\partial H_l}{\partial \eta} - L_4 \frac{\partial H_l}{\partial \xi}$$

$$F_n = L_2 \frac{\partial H_n}{\partial \eta} - L_4 \frac{\partial H_n}{\partial \xi}$$

E_l、E_n、F_l 和 F_n 都是 (ξ, η) 的函数，并与节点的坐标有关。

$\{P\}^e$ 中的矩阵元素为

$$p_l = \sum_{s=1}^{M} \sum_{t=1}^{M} \left[\omega_s \omega_t \left(\sum_{n=}^{i,j,k,m} H_n \overline{\omega}_n \right) H_l |J| \right] \Bigg|_{(\xi_s, \eta_t)} +$$

$$\begin{cases} 0 & \text{当} l = i, j \\ \dfrac{S_{km}}{2} \dfrac{\partial \psi}{\partial n} & \text{当} l = k, m \end{cases} \quad (l = i, j, k, m) \tag{5-23}$$

式(5-7)的变分具有如下形式：

$$\iint_D W_l \left[v \left(\frac{\partial^2 \omega}{\partial x^2} + \frac{\partial^2 \omega}{\partial y^2} \right) + \frac{\partial \overline{\psi}}{\partial x} \frac{\partial \overline{\omega}}{\partial y} - \frac{\partial \overline{\psi}}{\partial y} \frac{\partial \overline{\omega}}{\partial x} \right] \mathrm{d}x\mathrm{d}y = 0 \quad (l = 1, 2, \cdots, n) \tag{5-24}$$

代入格林公式及边界余弦关系后，得

$$\frac{\partial J^{\mathrm{D}}}{\partial \omega_l} = \oint_\Gamma \nu W_l \frac{\partial \omega}{\partial n} \mathrm{d}s - \iint_{\mathrm{D}} \left[\nu \left(\frac{\partial W_l}{\partial x} \frac{\partial \omega}{\partial x} + \frac{\partial W_l}{\partial y} \frac{\partial \omega}{\partial y} \right) - \right.$$

$$\left. W_l \left(\frac{\partial \overline{\psi}}{\partial x} \frac{\partial \overline{\omega}}{\partial y} - \frac{\partial \overline{\psi}}{\partial y} \frac{\partial \overline{\omega}}{\partial x} \right) \right] \mathrm{d}x\mathrm{d}y = 0 \quad (l = 1, 2, \cdots, n) \tag{5-25}$$

由此得到单元的变分表达式

$$\frac{\partial J^e}{\partial \omega_l} = \iint_e \left[\nu \left(\frac{\partial W_l}{\partial x} \frac{\partial \omega}{\partial x} + \frac{\partial W_l}{\partial y} \frac{\partial \omega}{\partial y} \right) - W_l \left(\frac{\partial \overline{\psi}}{\partial x} \frac{\partial \overline{\omega}}{\partial y} - \frac{\partial \overline{\psi}}{\partial y} \frac{\partial \overline{\omega}}{\partial x} \right) \right] \mathrm{d}x\mathrm{d}y = 0 \quad (l = i, j, k, m) \tag{5-26}$$

如果把扩散项和对流项写成两个矩阵块，则式(5-26)可写成

$$\left\{ \frac{\partial J}{\partial \omega} \right\}^e = \left([K]^e - [R]^e \right) \{\omega\}^e = 0 \tag{5-27}$$

式中，

$[K]^e$ 的矩阵元素同式(5-22)；

$[R]^e$ 的矩阵元素可表示为

$$R_{ln} = \sum_{s=1}^M \sum_{t=1}^M \omega_s \omega_t \frac{H_l}{16|J|} \left\{ TM_1 \left[-(a_3 + A\xi) \frac{\partial H_n}{\partial \xi} + (a_1 + A\eta) \frac{\partial H_n}{\partial \eta} \right] - \right.$$

$$\left. TM_3 \left[(a_4 + B\xi) \frac{\partial H_n}{\partial \xi} - (a_2 + B\eta) \frac{\partial H_n}{\partial \eta} \right] \right\} \Big|_{(\xi_s, \eta_t)} \tag{5-28}$$

$$(\, l, n = i, j, k, m)$$

式(5-21)和式(5-27)可采用流线迎风 Petrov-Galerkin(SUPG)法进行求解。

5.3.3 热辐射有限元模型

对于排管敷设、隧道敷设、沟槽敷设以及直接空气中敷设，除了传导、对流外，还有辐射传热，而且不能忽略。

两个表面之间的热辐射计算公式为

$$Q_i = \sigma \varepsilon_i F_{ij} A_i (T_i^2 + T_j^2)(T_i + T_j)(T_i - T_j) \tag{5-29}$$

式中，

Q_i ——表面 i 的传热率；

σ ——Stefan-Bolzman 常数，$\mathrm{W/m^2 \cdot ℃}$；

ε_i ——有效热辐射率；

F_{ij} ——角系数；

A_i ——表面 i 的面积，$\mathrm{m^2}$；

T_i 和 T_j——表面 i 与表面 j 的绝对温度值，K。

其中该单元与其他表面上单元的角系数 F_{ij} 采用非隐藏法计算，具体方程如下：

$$F_{ij} = \frac{1}{A_i} \sum_{p=1}^{m} \sum_{q=1}^{n} \left(\frac{\cos\theta_{ip}\cos\theta_{jq}}{\pi r^2} \right) A_{ip} A_{jq} \tag{5-30}$$

式中，

m——面单元 i 上的积分点数；

n——面单元 j 上的积分点数。

式(5-22)可写为 $Q_i = h_i(T_i - T_j)$，其中 $h_i = \sigma\varepsilon_i F_{ij} A_i (T_i^2 + T_j^2)(T_i + T_j)$。因此，辐射传热可以第三类边界条件施加在电力电缆本体外表面和排管(隧道或沟槽)内表面剖分单元的边界上。很明显，热辐射是一个高度非线性传热问题，必须通过迭代的方法计算。

5.3.4 流固耦合计算

在对传导、对流和辐射换热问题进行分析和数值计算时，对固体边界上的换热条件一般都做出规定：或给定边界上的温度分布，或规定边界上的热流分布，或给出壁面温度与热流密度间的依变关系，即传热计算的三类边界条件。

无论导热或对流，在固体边界上都可以具有这三种边界条件。但还有一部分导热和对流换热过程的边界条件不能用上述的三类边界条件来概括，例如排管、隧道和沟槽三种电力电缆敷设方式。

对于热边界条件无法预先规定，而是受到流体与壁面之间、两个表面之间相互作用的制约。这时，无论界面上的温度还是热流密度都应看成是计算的一部分，而不是已知条件。大多数有意义的耦合问题都无法获得分析解，而要采用数值解法。

数值解法可分为分区求解、边界耦合的方法及整场求解法两大类。本书介绍分区求解、边界耦合的方法。

分区计算、边界耦合方法的实施步骤是：

(1) 分别对电力电缆本体、空气、土壤中的物理问题建立控制方程。

(2) 列出每个区域的边界条件(电力电缆内部热源和场域外部边界与第3章相同)，其中不同区域耦合边界上的条件可以取下列三种表达式中的两个：

耦合边界上温度连续：

$$T_w\big|_1 = T_w\big|_2 \tag{5-31}$$

耦合边界上的热流密度连续：

$$q_w\big|_1 = q_w\big|_2 \tag{5-32}$$

耦合边界上的第三类条件：

$$-\lambda\left(\frac{\partial T}{\partial n}\right)_w\bigg|_1 = h(T_w - T_f)\big|_2 \tag{5-33}$$

对于第三种情形，区域 2 为空气，区域 1 为固体(电力电缆或土壤)，式中 n 为壁面的外法线。

(3) 首先对电力电缆、空气和土壤均按传导传热进行有限元求解，得到初始温度场分布，然后应用式(5-32)或式(5-33)求解耦合边界上的局部热流密度和温度梯度，求解空气域内的对流扩散方程和辐射方程，以得出耦合边界上新的温度分布。再以此分布作为电力电缆和土壤的输入，求解传导控制方程。重复上述计算直到满足收敛条件为止。若以 ϕ 表示任一自由度，则该自由度的收敛监测量 S 可表示为

$$S = \frac{\sum_{i=1}^{N}\left|\phi_i^k - \phi_i^{k-1}\right|}{\sum_{i=1}^{N}\left|\phi_i^k\right|} \tag{5-34}$$

当温度和流体速度两者的收敛量均小于 10^{-10} 时，即可中止迭代。

5.4 暂态温度场计算有限元模型[101]

当系统发生接地、短路等故障，或负荷为周期性负荷，或临时发生负荷调整时，电力电缆温度场属于含有自然对流和辐射的暂态温度场计算。含有自然对流的暂态温度场控制方程如下所示：

$$\frac{\partial u}{\partial \tau} + \rho\left(u\frac{\partial u}{\partial x} + v\frac{\partial u}{\partial y}\right) = -\frac{\partial p}{\partial x} + \eta\left(\frac{\partial^2 u}{\partial x^2} + \frac{\partial^2 u}{\partial y^2}\right) + \rho g\alpha(T - T_r)\cos\theta \tag{5-35}$$

$$\frac{\partial v}{\partial \tau} + \rho\left(u\frac{\partial v}{\partial x} + v\frac{\partial v}{\partial y}\right) = -\frac{\partial p}{\partial y} + \eta\left(\frac{\partial^2 v}{\partial x^2} + \frac{\partial^2 v}{\partial y^2}\right) + \rho g\alpha(T - T_r)\sin\theta \tag{5-36}$$

引入涡量—流函数的定义后，可得涡量、流函数方程为

$$\frac{\partial^2 \psi}{\partial x^2} + \frac{\partial^2 \psi}{\partial y^2} - \omega = 0 \tag{5-37}$$

$$\frac{\partial \omega}{\partial \tau} + \rho\frac{\partial}{\partial x}\left(\omega\frac{\partial \psi}{\partial y}\right) - \rho\frac{\partial}{\partial y}\left(\omega\frac{\partial \psi}{\partial x}\right) = \eta\left(\frac{\partial^2 \omega}{\partial x^2} + \frac{\partial^2 \omega}{\partial y^2}\right) +$$

$$\rho g\alpha\left(\frac{\partial T}{\partial y}\cos\theta - \frac{\partial T}{\partial x}\sin\theta\right) \tag{5-38}$$

式(5-37)与式(5-7)相同，式(5-38)和式(5-8)相比，多了 $\dfrac{\partial \omega}{\partial \tau}$ 项。

排管、隧道、沟槽敷设电力电缆群的暂态温度场计算可以采用第 4 章非稳态温度场计算中提出的 Grank-Nicolson 公式进行计算。

5.5 排管、隧道和沟槽敷设电力电缆群温度场有限元计算

5.5.1 排管敷设电力电缆群

以图 5-1 中 3×3 排管为例,分别计算了单端接地单回路电力电缆、双端接地单回路电力电缆、单端接地三回路电力电缆的稳态温度和单回路电力电缆单端接地暂态温度场,以及基于温度场计算载流量。

1. 单回路电力电缆稳态温度场

电力电缆型号为 800mm^2 YJLW02 XLPE 电力电缆,电缆结构参数如表 3-3 所示。排管中心间距为 200mm,埋深为 1000mm,土壤热阻 1.0℃·m/W,PVC 排管热阻 6℃·m/W,排管内径为 120mm,排管外径为 140mm,空气温度 35℃,土壤深层温度 8℃。图 5-7 给出了负荷电流为 500A 时单回路电力电缆单端接地时整个温度场域温度场分布图。

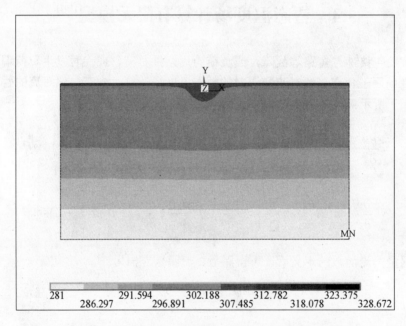

图 5-7　单端接地单回路排管电力电缆整场温度分布图

由图 5-7 可知,深层土壤的温度已经很稳定,而左右两侧边界的温度梯度也已经很稳定,即图 5-1 中模型边界的确定比较准确,计算而得的温度场分布结果精度较高。

图 5-8 给出了单回路电力电缆单端接地时排管内温度场分布图。从图中可以看出,回路最高温度出现在中间电力电缆导体,最高温度为 55.7℃(图中给出的温度为绝对温度),这是由于单端接地时中间电力电缆的损耗最大,且中间电力电缆散热最不利。图中还可看出两侧没有电力电缆的排管内空气对电力电缆的散热也有一定的影响。

142

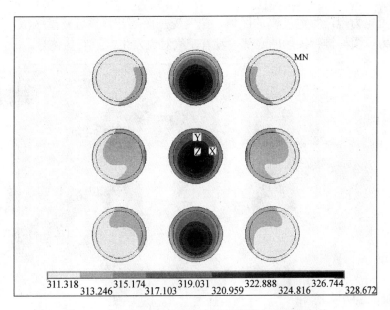

311.318 313.246 315.174 317.103 319.031 320.959 322.888 324.816 326.744 328.672

图 5-8　单回路电力电缆单端接地排管内温度分布图

图 5-9 给出了负荷电流为 500A 时双端接地时单回路电力电缆在排管内敷设时的温度分布图。

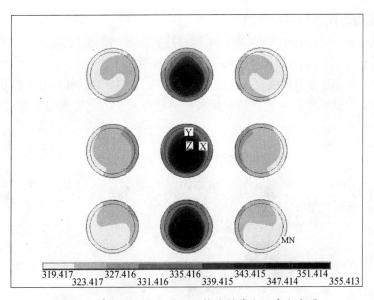

319.417 323.417 327.416 331.416 335.416 339.415 343.415 347.414 351.414 355.413

图 5-9　单回路电力电缆双端接地排管内温度分布图

双端接地时，中间电力电缆和下部电力电缆导体最高温度基本相同，最高温度为 82.4℃，这是由于滞后相(下部)电力电缆的金属套损耗最大，而中间电力电缆散热最不利。与图 5-8 结果相比，双端接地时的温度要高于单端接地时的温度约 26.7℃，这是由于双端接地时金属套上的损耗要远大于单端接地时的损耗，从而在相同负荷电流下造成了缆芯导体温度的急剧增加。

图 5-10 给出了排管内空气流场示意图。从中可以清楚地看到空气因温度不同而流动

143

的情况。靠近电力电缆等温度高的区域，空气受热而上升，靠近管壁区域，空气受凉而下降，而电力电缆与排管接触的底部，没有空气对流发生，只有热传导。

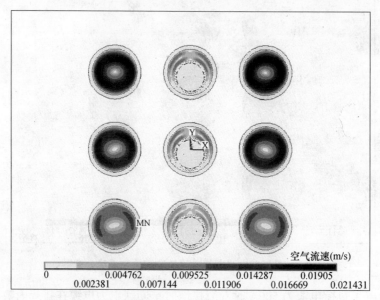

图 5-10　单回路电力电缆排管内空气流场示意图

2. 多回路电力电缆群稳态温度场

电力电缆间距为 200mm，其他电力电缆和排管参数与前面相同。图 5-11 给出了三回路电力电缆并行排列单端接地时排管内温度场分布图。

图 5-11 中的温度为绝对温度，表示的最高温度为 61.5℃。电力电缆群损耗计算见表 3-15，中间回路的中相电力电缆导体和金属套损耗最大，因此图 5-11 中的中相电力电缆

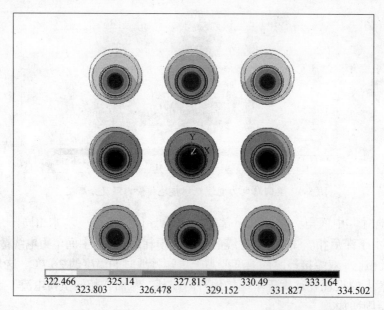

图 5-11　三回路电力电缆并行排列排管内温度场分布图

温度最高。同时下部电力电缆距离地表更远，散热更加不利，因而底部电力电缆比上部电力电缆温度要高。

3. 单回路电力电缆暂态温度场

电力电缆间距为 200mm，其他电力电缆和排管(PVC)参数与前面相同。图 5-12 给出了 5s 内三个电力电缆导体温度的变化过程。由于单端接地时损耗主要集中在电力电缆线芯导体，金属套内损耗很小，因而三个导体的温度很快上升，达到 523K，即 250℃。

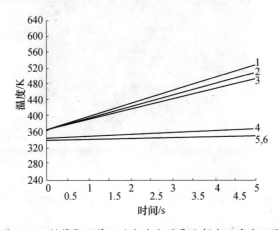

图 5-12　排管敷设单回路电力电缆导体暂态温度变化图

1—中相导体；2—下部导体；3—上部导体；4—中间金属套；5—上部金属套；6—下部金属套。

5.5.2　隧道敷设电力电缆群

1. "一"字形排列电力电缆稳态温度场

电力电缆型号为 $800mm^2$ YJLW02 XLPE 电力电缆，隧道为 2m×2m 的方形。在土壤深层温度为 8℃，电力电缆间距为 200mm，土壤热阻 1.0℃·m/W。当电力电缆负荷电流为 500A 时，隧道内单回路电力电缆单端接地温度场分布如图 5-13 所示，流场分布如图 5-14 所示。

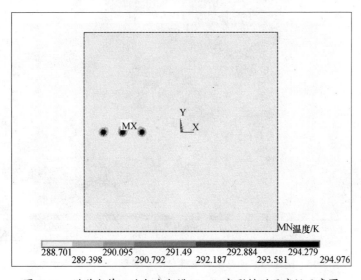

图 5-13　隧道内单回路电力电缆"一"字形排列温度场示意图

145

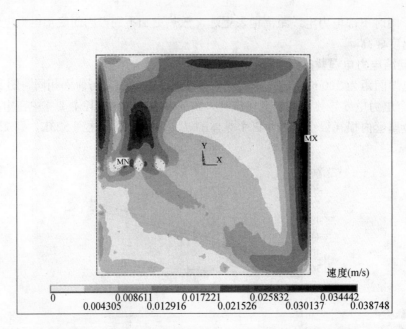

图 5-14　隧道内单回路电力电缆"一"字形排列流场示意图

图5-14说明电力电缆和空气存在很强的对流换热。由于空气的热容很大,造成图5-13中电力电缆部分的温度最高,而隧道内空气部分的温度相差不多,而且温度较低。电力电缆与外围温差较大,利于散热,因而隧道敷设方式下电力电缆的载流量较高。

当三回路电力电缆负荷电流均为 844.7A 时,"一"字形排列三回路单端接地电力电缆的温度场如图 5-15 所示,流场如图 5-16 所示。

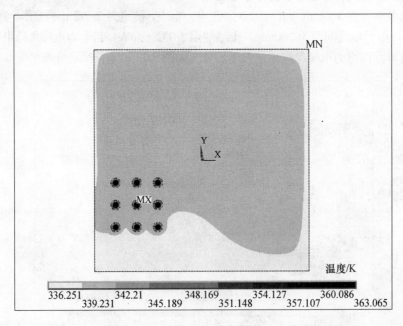

图 5-15　隧道内三回路电力电缆"一"字形排列温度场示意图

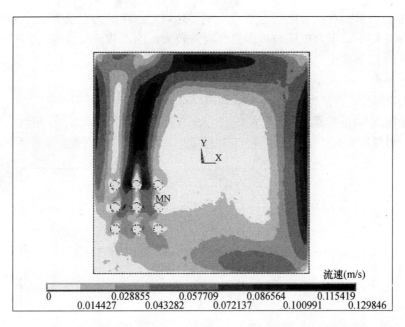

图 5-16　隧道内三回路电力电缆"一"字形排列流场示意图

　　与单回路电力电缆相比，三回路电力电缆自然对流换热更加强烈，整个隧道内空气温度比单回路时有所升高。

2. 三角形排列电力电缆稳态温度场

　　隧道参数和电力电缆参数同"一"字形排列，当电力电缆负荷电流为 500A 时，单回路三角形排列单端接地电力电缆的温度场分布如图 5-17 所示。

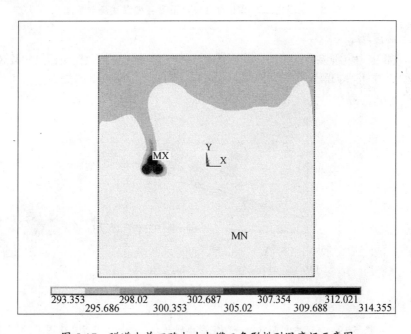

图 5-17　隧道内单回路电力电缆三角形排列温度场示意图

三角形排列单回路电力电缆与"一"字形排列单回路电力电缆类似，由于单回路电力电缆发热量较小，电力电缆与周围空气温差较大，因而载流量较高。但三角形排列电力电缆间相互热影响比"一"字形排列电力电缆要强，因而载流量比"一"字形排列电力电缆要小一些。

当电力电缆负荷电流为 801.7A 时，单端接地三回路三角形排列单端接地电力电缆群的温度场分布如图 5-18 所示。与多回路"一"字形排列电力电缆群相似，三回路三角形排列单端接地电力电缆群自然对流明显加强，空气温度也有所升高，因而载流量有所下降。

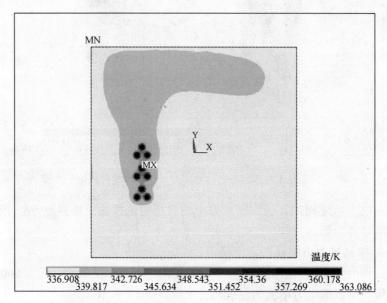

图 5-18　隧道内三回路电力电缆三角形排列温度场示意图

3. 暂态温度场

隧道参数和电力电缆参数同"一"字形排列。在突然施加短路负荷电流 74042.8A 时，5s 后单回路"一"字形排列单端接地三根电力电缆导体和金属套温度随时间变化如图 5-19 所示。

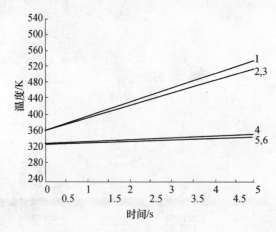

图 5-19　隧道内单回路"一"字形排列电力电缆导体温度变化图

1—中间导体；2—左侧导体；3—右侧导体；4—中间金属套；5—左侧金属套；6—右侧金属套。

148

由图 5-19 可知，隧道敷设方式下，三个电力电缆线芯导体的温度在暂态情况下基本相同。由于中相电力电缆金属套损耗略大，因而中相电力电缆金属套温度稍高，两边相电力电缆金属套温度基本相同。

5.5.3 沟槽敷设电力电缆群

电力电缆型号为 800mm² YJLW02 XLPE 电力电缆，沟槽为 1m×1m 的方形，土壤热阻 1.0℃·m/W，空气温度 35℃，土壤深层温度 8℃。

单回路"一"字形排列电力电缆单端接地时，且电力电缆负荷电流为 500A 时，沟槽和电力电缆温度场分布如图 5-20 所示，流场分布如图 5-21 所示。

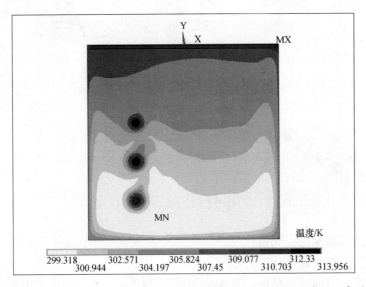

图 5-20　沟槽内"一"字形排列单回路单端接地电力电缆温度场示意图

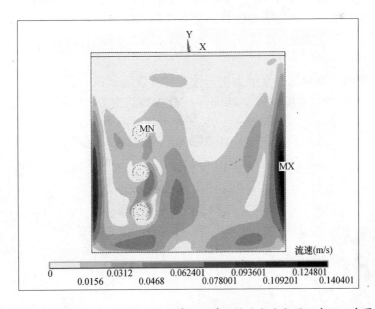

图 5-21　沟槽内"一"字形排列单回路单端接地电力电缆温度场示意图

沟槽与隧道相比,空间要小,而且靠近地面,因而沟槽内空气温度受地表和周围土壤影响较大。图 5-20 中空气温度要比图 5-13 中空气温度要高,因而沟槽敷设电力电缆的载流量要比隧道敷设电力电缆低。

当沟槽内单回路电力电缆突然施加短路电流 33911.6A 时,5s 后单回路"一"字形排列单端接地三根电力电缆导体和金属套温度随时间变化如图 5-22 所示。

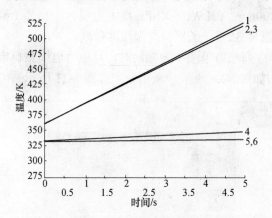

图 5-22 沟槽内"一"字形排列单回路导体温度变化示意图

1—中间导体;2—上部导体;3—下部导体;4—中间金属套;5—上部金属套;6—下部金属套。

5.6 三维有限元实例分析[102]

在直埋电力电缆穿过公路段,往往将电力电缆敷设在钢管或水泥管内,以保护电力电缆,而其他区域仍然以直埋方式敷设。

敷设电力电缆隧道或排管时,在电力电缆井或隧道内常存在电力电缆接头等。由于电力电缆井散热条件比排管内要好得多,因此往往不会对电力电缆载流量造成大的影响。

上述几种敷设情况下,电力电缆线路都存在局部的散热条件不同于大部分线路,而且往往是不利于散热的情况,造成载流量的下降,因而不能用 2D 模型进行分析,必须用 3D 模型进行分析。

本节以直埋电力电缆部分穿管为例,计算其对载流量和温度场的影响。典型线路如图 5-23 所示。直埋电力电缆型号为 400mm² YJLV22,电力电缆埋深为 700mm,地表温

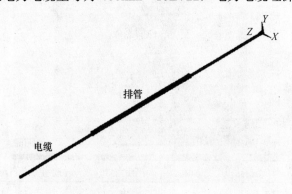

图 5-23 局部穿管直埋电力电缆示意图

度为 40℃，PVC 排管内径为 120mm，外径为 140mm，土壤热阻系数为 1℃·m/W。

三维场中的流固耦合问题与二维场类似，可由以下方程表述。

连续性方程：

$$\frac{\partial u}{\partial x} + \frac{\partial v}{\partial y} + \frac{\partial \omega}{\partial z} = 0 \tag{5-39}$$

动量方程：

$$\rho\left(u\frac{\partial u}{\partial x} + v\frac{\partial u}{\partial y} + w\frac{\partial u}{\partial z}\right) = -\frac{\partial p}{\partial x} + \eta\left(\frac{\partial^2 u}{\partial x^2} + \frac{\partial^2 u}{\partial y^2} + \frac{\partial^2 u}{\partial z^2}\right) + \rho g\alpha(T - T_r)\sin\varphi\cos\theta \tag{5-40}$$

$$\rho\left(u\frac{\partial v}{\partial x} + v\frac{\partial v}{\partial y} + w\frac{\partial v}{\partial z}\right) = -\frac{\partial p}{\partial y} + \eta\left(\frac{\partial^2 v}{\partial x^2} + \frac{\partial^2 v}{\partial y^2} + \frac{\partial^2 v}{\partial z^2}\right) + \rho g\alpha(T - T_r)\sin\varphi\sin\theta \tag{5-41}$$

$$\rho\left(u\frac{\partial w}{\partial x} + v\frac{\partial w}{\partial y} + w\frac{\partial w}{\partial z}\right) = -\frac{\partial p}{\partial z} + \eta\left(\frac{\partial^2 w}{\partial x^2} + \frac{\partial^2 w}{\partial y^2} + \frac{\partial^2 w}{\partial z^2}\right) + \rho g\alpha(T - T_r)\cos\varphi \tag{5-42}$$

能量方程

$$u\frac{\partial T}{\partial x} + v\frac{\partial T}{\partial y} + w\frac{\partial T}{\partial z} - a\left(\frac{\partial^2 T}{\partial x^2} + \frac{\partial^2 T}{\partial y^2} + \frac{\partial^2 T}{\partial z^2}\right) = 0 \tag{5-43}$$

三维场中，流固耦合的自然对流问题也可由涡量-流函数法计算。三维场中不存在流函数，但对于不可压缩流体，存在一个称为矢量势的函数，记为 ϕ，$\phi = \phi_x i + \phi_y j + \phi_z k$，速度 V 的各分量是该矢量旋度的分量：

$$V = \nabla \times \phi \tag{5-44}$$

即 $u = \dfrac{\partial \phi_z}{\partial y} - \dfrac{\partial \phi_y}{\partial z}$，$v = \dfrac{\partial \phi_x}{\partial z} - \dfrac{\partial \phi_z}{\partial x}$，$w = \dfrac{\partial \phi_y}{\partial x} - \dfrac{\partial \phi_x}{\partial y}$。

二维问题的流函数是 ϕ 的分量 ϕ_z。

涡量函数的定义为

$$\omega = \nabla \times V = \nabla \times (\nabla \times \phi) \tag{5-45}$$

即 $\omega_x = \dfrac{\partial v}{\partial z} - \dfrac{\partial w}{\partial y}$，$\omega_y = \dfrac{\partial w}{\partial x} - \dfrac{\partial x}{\partial z}$，$\omega_z = \dfrac{\partial u}{\partial y} - \dfrac{\partial v}{\partial x}$。

类似于二维场，可用四面体进行有限元网格剖分，计算温度场。在没有局部排管时，电力电缆的载流量为 600A。考虑局部排管时，电力电缆的温度场分布如图 5-24 所示。

可以明显看出，由于排管内空气层的存在，其导热性能下降，造成电力电缆中部(穿过排管部位)温度明显高于其他电力电缆部位，而且电力电缆温度升高 1.925℃(超过 XLPE 长期绝缘耐受温度 90℃)。迭代后可算出局部穿管电力电缆的载流量为 587A，载流量降低了 2.2%。

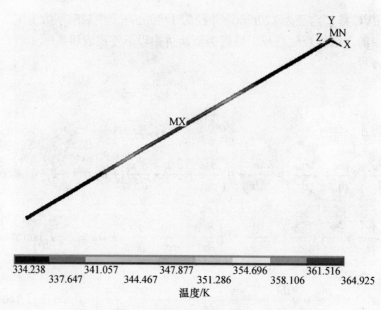

图 5-24   局部穿管直埋电力电缆温度场分布图

第6章 模拟热荷法计算地下电力电缆温度场

6.1 模拟热荷法的提出

6.1.1 模拟电荷法的基本原理

在电场的数值计算中，等效源法的应用面很广。在计算静电场时，带电体表面上的充电电荷和不同介质分界面上出现的束缚电荷，都可用位于无效区域的等效电荷替代，这种等效电荷通常称之为模拟电荷，而其离散的方法称之为模拟电荷法。模拟电荷法是以等效源替代拉普拉斯场，所以等效源必须位于无效区域内。这样，才能保证有效区域内的场仍是拉普拉斯场[103]。

模拟电荷法是在待求的场域之外，用一组虚设的模拟电荷来等效代替电极表面连续分布的电荷，模拟电荷的位置和形状是事先假定的，其电荷值由电极的边界条件决定。当这些模拟电荷的位置、大小确定后场中任意点的电位、场强就由这些集中电荷产生的场量相叠加而得。即根据静电场的唯一性定理，电极内部放置若干个假想电荷，使其共同作用的结果满足给定的边界条件，则这一组电荷所产生的场即为满足一定精度的实际电场，进而可求得计算场域中各点的场值。

在计算中，模拟电荷的种类、数目及电极表面匹配点之间的匹配关系将直接影响到计算量的大小和计算结果的精确度。一般的模拟电荷计算法，是在导体内布置 N 个模拟电荷，在边界表面取 M 个匹配点($M>N$)。M 个匹配点的电位 ϕ_1, ϕ_2, …, ϕ_M 为电极表面电位。它们是由 N 个模拟电荷共同作用而产生的[12]，即

$$\varphi = \sum_{j=1}^{n} a_{ij} Q_j \tag{6-1}$$

式(6-1)可简写成：

$$\{\varphi_i\} = [A]\{Q\} \tag{6-2}$$

式中，

  $[A]$——电位系数矩阵；

  $\{\varphi_i\}$——电位向量；

  $[Q]$——待求模拟电荷向量。

6.1.2 模拟电荷和匹配点的确定

模拟电荷法是一种特定的离散化方法，它是以电场唯一性定理为依据来确定其等效源的，是一种满足场方程且近似满足边界条件的一种数值计算方法。其实质是一种以基

本解为基础的解法。但并非模拟电荷数和匹配点数越多，解的计算精度就越高。因为在数值计算中，解的误差不仅和离散误差有关，还和系数的条件有关。离散误差是把连续变化的量用离散的量来近似表达时引起的误差，如在模拟电荷法中，边界条件的近似满足必将引起离散误差。另外，如果设置的模拟电荷数过多，意味着边界上匹配点设置得过密，则必然导致系数阵中相邻两行或相邻两列的数值相近，因而使归一化后的系数阵行列式的值很小。也就是说使该系数阵的条件数很大，因此模拟电荷数不是越多越好而需综合考虑。

模拟电荷法计算精度与假想电荷和轮廓点的布置有着显著关系，所以选择好的布置方式是很重要的。通常，由于轮廓点是在电极的表面上，所以首先决定轮廓点的位置，然后再按照与它相对应来决定假想电荷的位置。在希望求取重要电场值的场所，和电场变化急剧的地方，轮廓点应当布置得较密。对计算精度需求较弱的电场，仅要校验空间电位即可的部位，只要取少量的轮廓点和假想电荷就可以充分地来表示。

1. 模拟热荷法与模拟电荷法对比

将温度场中的过余温度类比于电场中的电压，热量类比于电量，热阻类比于电阻。温度场与电场具有高度的相似性，如表 6-1 所示。于是，将用于静电场计算的模拟电荷法应用于稳态温度场中，提出了计算稳态温度场的模拟热荷法。

表 6-1　电场与温度场的相似性

电场	温度场	电场	温度场
电荷量	热量	电阻	热阻
电势	温度	电容	热容
电位差	温差	电阻率	热阻系数
电场强度	热流密度	介电常数	比热容
电力线	热力线		

模拟热荷法同模拟电荷法一样，也是在所求场域之外，用虚拟的热源进行模拟。虚拟热源的位置可根据需要事先设定，虚拟热源的大小则可利用给定的边界条件以及传热学中的理论联合求解，将传热学中的过余温度 θ 类比于模拟电荷法中的电位 ϕ，将热源 q 类比于模拟电荷法中的电荷量 q，在电场计算中有式 (6-2)。相类比可以得出稳态温度场计算式，有

$$\{\varphi_i\} = [a]\{q\} \tag{6-3}$$

式中，

$[a]$——温度系数矩阵；

$\{\varphi_i\}$——过余温度；

$\{q\}$——模拟热荷热量。

2. 热荷的热源函数介绍

一定类型的热源在一定区域中引起的温度分布称为该类型的热源函数，点热源、线热源和面热源等三种基本热源在初始温度均匀的无限大物体中引起的温度场称为基本热

154

源函数。

1) 点热源

假定有一个无限大物体，初始温度为常数 t_i，在点$(x，y，z)$处的点热源从时间 $\tau=0$ 起持续释放热量，发热功率为 $Qp(\tau)$。于是物体中将发生非稳态导热。把 $0\sim\tau$ 的整个时间分割成无数个微小的时间间隔，则持续点热源可看作在不同时刻 τ_i 的 $d\tau_i$ 瞬间释放热量的无穷多个顺序排列的瞬时点热源的集合。

通过积分可求得其过余温度，有

$$\theta(R,\tau) = \frac{1}{8(\pi a)^{3/2}} \int_0^\tau \frac{\phi_p(\tau')}{(\tau-\tau')^{3/2}} \exp\left[-\frac{R^2}{4a(\tau-\tau')}\right] d\tau' \tag{6-4}$$

式中，

c——导热体的比热容，$J\cdot(kg\cdot ℃)^{-1}$；

ρ——导热体的密度，$kg\cdot m^{-3}$；

a——导热体的热扩散率，$m^2 s^{-1}$；

R——待求点至热源的距离，m。

式(6-4)中，$\phi_p(\tau) = \frac{Q_p(\tau)}{\rho c}$ 为持续点热源强度，若点热源功率 Q_p 为常数，则时间 $\tau\to\infty$ 时，可以推出

$$\theta(R) = \frac{Q_p}{4\pi\lambda R} \tag{6-5}$$

此即常功率持续点热源在无限大物体中造成的稳态温度场，呈现以热源为中心的球对称分布，与静电场中点电荷形成的电场分布类似。

2) 线热源

线热源的温度场公式是以点热源来推导的，它经历一个积分的过程。持续线热荷计算公式，有

$$\theta(R) = \frac{Q_l}{2\pi\lambda} \ln\frac{1}{R} \tag{6-6}$$

式中，

λ——介质导热系数，$W(m\cdot K)^{-1}$；

Q_l——线热源发热功率，W。

6.2 模拟热荷法计算发热管温度场分布

6.2.1 发热管的温度场模型

1. 建立试验模型

在假设电力电缆表面温度相等时，地下直埋电力电缆与地下直埋发热管相似。地下直埋发热管的温度场分布特性，可以反应地下直埋电力电缆的温度场特性。因此，可以用地下直埋发热管来模拟地下直埋电力电缆。为了验证模拟热荷法计算地下直埋电力电

缆温度场的有效性，利用多组发热管进行了模拟试验。发热管参数如下：长 2.5m，截面直径为 12mm，电阻 120Ω。用发热管模拟电力电缆发热，直埋发热管试验模型如图 6-1 所示。

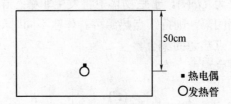

图 6-1　发热管试验模型示意图

2. 建立计算模型

当发热管直埋于土壤中时，发热管长度与直径相比，近似于无穷大，因此，可将发热管看作无限长线热源产生的温度场。于是，可以认为此时的发热管只有沿径向的传热，所要计算的温度场就可以认为是二维场。同时，发热管为金属导体，导热率很高，可以认为发热管表面为等温面。以单根发热管为例，建立土壤直埋发热管的模拟热荷法计算温度场的模型如图 6-2 所示。

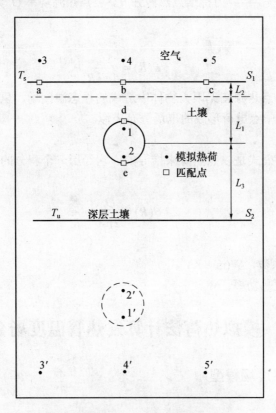

图 6-2　单根发热管模拟热荷法示意图

电场计算中，模拟电荷的种类、数目及电极表面匹配点与电荷之间的匹配关系将直接影响到计算量的大小和计算结果的精确度。在电场计算中，根据计算对象的形状采用

156

不同形式的模拟电荷源函数。对于发热管，本文采用线热荷作为源函数。并且在电场计算中，通常取模拟电荷和匹配点数目相等。所以，如图 6-2 所示，在发热管域内用 2 个模拟热荷代替导体发热对外部的影响；在原空气域内以 3 个模拟热荷代替空气对土壤温度的影响。同时，与热源相对应在发热管表面边界上取 2 个匹配点；在空气与土壤边界取 3 个匹配点。

在如图 6-2 所示模型中，导体中的模拟热荷位于在距圆心 $r/4$ 处。如图 6-3 所示，热荷 3、4、5 等效空气作用，热荷 3 和热荷 5 对称放置，距 S_1 垂直距离 $y_1=0.1m$，水平距离 $x_1=0.2m$，热荷 4 距离 S_1 如图 6-3 取 $y_0=y_1$，在计算多根发热管时，取 y_0 小于 y_1 可以提高计算精度。

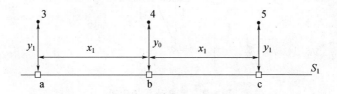

图 6-3　空中域中热荷位置布置图

在计算多根发热管时，热荷的个数可能要增加，并且热荷布置方法也将会有所改变，以满足计算精度的要求。比如，在计算 3 根发热管时采用每根管子布置 4 个热荷可能精度更高，但同时要考虑计算的复杂性。同时，与热荷相匹配的匹配点的布置方式也将影响计算，本书采用与热荷对应沿径向布置的方式。

6.2.2　发热管温度场计算

1. 约束方程

地下发热管温度场有三类约束方程：第一类，边界温度相等，如发热管表面边界 2 个匹配点温度相等；第二类，已知匹配点温度，如 S_1 上三个匹配点，温度为空气温度 T_s；第三类，发热管内模拟热荷总热量与发热管的发热功率相等。因此，可得求解方程组

$$\begin{cases} T_a = T_s \\ T_b = T_s \\ T_c = T_s \\ T_d = T_s \\ q_1 + q_2 = Q \end{cases} \qquad (6\text{-}7)$$

式中，

Q——导体损耗，W；

q ——模拟热荷热量，W；

T ——匹配点温度，℃。

2. 匹配点温度计算[104]

土壤深层边界 S_2 为等温线，于是，图 6-4 中以 S_2 为 x 轴，同时以 T_u 为基准温度，区

域内各点的过余温度为

$$\theta = T - T_u \tag{6-8}$$

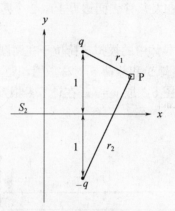

图 6-4 温度计算示意图

由线热荷公式(6-6)可以得到 q 单独作用时 P 点的温度，有

$$\theta_{r1} = \frac{q}{2\pi\lambda} \ln \frac{1}{r_1} \tag{6-9}$$

同理可以导出当 $-q$ 单独作用时 P 点的温度，有

$$\theta_{r2} = -\frac{q}{2\pi\lambda} \ln \frac{1}{r_2} \tag{6-10}$$

两者同时作用时即叠加得到 P 点的温度，有

$$\theta(x, y) = \frac{q}{2\pi\lambda} \ln \frac{r_2}{r_1} \tag{6-11}$$

由此可推导出图 6-2 中各匹配点的温度，有

$$T_i = \frac{q_j}{2\pi\lambda} \ln \sqrt{\frac{(x_i - x_j)^2 + (y_i + y_j)^2}{(x_i - x_j)^2 + (y_i - y_j)^2}} \tag{6-12}$$

$$(i = 1, 2; j = a, b, c, d)$$

3. 计算结果

以土壤直埋 3 根"一"字形排列发热管试验为例，用模拟热荷法计算其稳态温度场分布，试验模型如图 6-5 所示。试验参数如下：土壤的导热系数 1.664W/(m·K)，对流系数 12.5W/(m·K)，埋深 0.5m；发热管的半径 0.006m，发热管的长度 2.5m，发热管的电阻 120Ω；深层土壤温度 25℃；空气温度 30℃；所加电压 120V。

模拟热荷法计算模型中，每根发热管导体中布置 4 个热荷，如图 6-6 所示。4 个热荷将发热管均分为 4 部分，放置在距离圆心 2r/3 处。等效空气作用的热荷可以布置 5 个，沿中间发热管上方放 1 个热荷，然后以它为对称中心在其两边分别放置 2 个热荷，位置可以适

158

当调整，从左到右依次为 1…5。计算后它们的热量分别为：-16.2836 M/m、-12.9684 M/m、-15.6444 M/m、-12.9684 M/m、-16.2836 M/m。

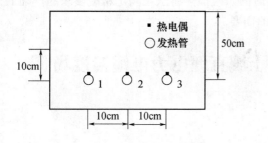

图 6-5　3 根发热管试验模型示意图　　　　图 6-6　发热管域热荷分布示意图

计算得出各个热荷热量后可以计算场域中任一点的温度，计算 3 根裸发热管的稳态温度场分布，如图 6-7 所示。

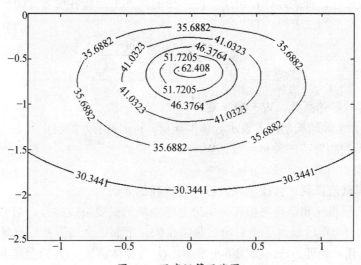

图 6-7　温度场等温线图

本节在用模拟热荷计算时，每根发热管中放置的热荷个数增加后，计算结果的误差有所降低，当布置过密时将造成误差变大；同时，热荷位置在计算过程中有所变动对误差有一定影响。因此，热荷布置要合理才能使计算满足所需精度的要求。模拟热荷法计算发热管温度与 Ansys 仿真结果及试验结果进行对比，如表 6-2 所示。

表 6-2　模拟热荷法与 Ansys 结果及试验结果对比

计　算　方　法	1 号管温度/℃	2 号管温度/℃	3 号管温度/℃
Ansys 结果 T_1	73.3580	76.4780	73.2580
试验结果 T_2	73	76	72
模拟热荷法结果 T	72.5497	75.6540	72.5497
$T-T_1$	0.8083	0.8240	0.8083
$T-T_2$	-0.4503	-0.3460	0.5497

模拟热荷计算值与实测值及 Ansys 仿真结果比较，可以看出结果符合较好，误差在 1℃以内，能够满足实际研究及工程设计的需要。同时，用模拟热荷法计算所需时间远远少于采用有限元 Ansys 仿真计算需要的时间，模拟热荷法在满足精度要求的基础上大大减少了计算所需时间，有利于工程实际的需要。

6.3　模拟热荷法计算土壤直埋电力电缆温度场[105]

6.3.1　电力电缆模型的简化

1. 电力电缆薄层处理

电力电缆由导体、内屏蔽、绝缘、外屏蔽、金属屏蔽、内护层、铠装、外护层等几部分构成，如图 1-1 所示。其中内屏蔽、绝缘屏蔽、金属屏蔽与其它各层相比，厚度很薄。

为了在保证计算精度的同时，尽量使计算时间减少，这里采用调和平均法对电力电缆导体以外各层进行处理，即在整个厚度不变的基础上，将各层等效为一种介质，介质导热系数由调和平均法求得，有

$$\lambda_{\mathrm{T}} = \frac{\ln(r_n / r_1)}{2\pi} / \sum_{i=1}^{n} \frac{\ln(r_i / r_{i-1})}{2\pi\lambda_i} \tag{6-13}$$

式中，

λ_{T} ——等效导热系数，$\mathrm{W \cdot (m \cdot ℃)^{-1}}$；

i ——电力电缆结构层($i=1$ 表示导体屏蔽层，$i=n$ 表示外护层)；

λ_i——与 i 层相对应的导热系数，$\mathrm{W \cdot (m \cdot ℃)^{-1}}$；

r_i —— i 层相对应的半径，mm。

2. 金属屏蔽层损耗、介质损耗、铠装层损耗的处理

金属屏蔽层损耗和铠装层损耗是电力电缆损耗的重要组成部分。由于电力电缆是轴对称结构，电力电缆区域内各个方向的热阻相同。下面以金属屏蔽层损耗为例，以热路模型给出对损耗的处理方法。如图 6-8 所示。Q_1 为导体损耗；Q_2 为金属屏蔽层损耗；R_{T} 为导体屏蔽、绝缘层、绝缘屏蔽等效热阻；R'_{T} 为损耗归算后热阻。

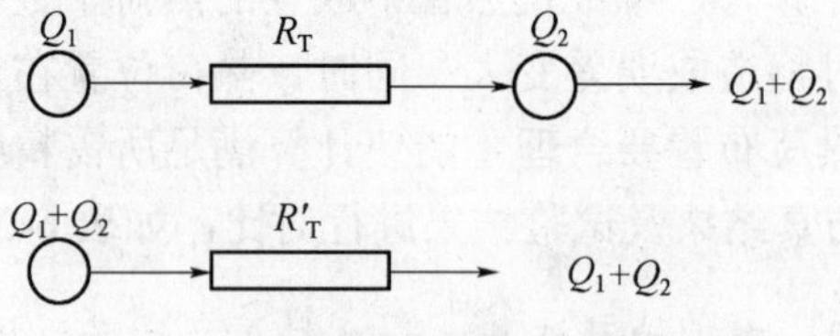

图 6-8　损耗归算热路图

归算原则为保证总输出热量不变，导体温度不变，金属屏蔽层温度不变。R'_{T} 可由下式计算：

$$R'_{\mathrm{T}} = \frac{Q_1}{Q_1 + Q_2} \cdot R_{\mathrm{T}} \tag{6-14}$$

铠装层损耗可以按照上述方法归算到导体，同时对各层热阻系数进行变化。

6.3.2　土壤直埋电力电缆温度场计算模型

1. 边界条件处理

1) 空气对流换热系数等效

以大地表面为分界线，地上空气和地下土壤存在温度差，在地表以空气对流的形式传热。假定空气热容很大，可以认为空气为等温。由此可以计算出地表的空气对流换热系数，并通过下式计算大地和空气对流散热的热量，有

$$Q_1 = \alpha \cdot \Delta T \tag{6-15}$$

现假设将地面抬高，以等效深度的土壤传导换热代替对流换热。已知深度的土壤传导换热量可由下式计算：

$$Q_2 = \frac{\lambda \cdot \Delta T}{\delta} \tag{6-16}$$

由散热量相等，即 $Q_1 = Q_2$，可得等效土壤厚度，有

$$\delta = \frac{\lambda}{\alpha} \tag{6-17}$$

式中，

α——对流换热系数，$W \cdot (m \cdot ℃)^{-1}$；

λ——土壤导热系数，$W \cdot (m \cdot ℃)^{-1}$；

δ——土壤厚度，mm。

2) 空气域等效处理

在对流换热系数置换为相应土壤后，模型中出现以等效地表为界面，上部为空气，下部为土壤的模型。为了便于计算，须将空气域也转换为土壤，构成无限大平面场。

等效地表为等温面，且其温度为空气温度 T_a。根据温度唯一性，只要保持其上温度值不变，就可以保证土壤内温度场计算的准确性。因此，可以在空气域内设几个虚拟热源来代替空气对土壤的作用，同时在等效地表上设几个匹配点。要求空气域内虚拟热源和土壤内模拟热荷共同作用下，使等效地表上匹配点的温度相等，且等于空气温度 T_a。这样，模型中的空气域可用土壤代替。

3) 深层土壤边界确定

由于深层土壤温度不随外部环境所改变，即保持在一个恒定的温度。因此，可设定电力电缆以下 3m 处为等温边界。这就形成了图 6-9 所示的以深层土壤边界为分界限的半无限大平面场。由于假设电力电缆导体为等温体，此时的地下电力电缆温度场与以大地为分界面、上部有带电圆柱体、具有两种不同介质的静电场完全相似。根据相似性原则，将静电场计算中的模拟电荷法、镜像法、多种介质束缚电荷的思想引入地下电力电缆温度场计算，即可采用模拟热荷法、镜像法、多层介质内束缚热荷对地下电力电缆温度场进行求解计算。

2. 计算模型建立

当电力电缆直埋于土壤时，电力电缆长度远远大于电力电缆截面，可以认为此时的温度场为二维场。同时，做如下假设：单芯电力电缆仅有导体和外护两层结构，且损耗全部集中在导体内；电力电缆导体为金属，导热率很高，可以认为导体为等温体。于是，用发热管导体外加一个橡胶套，来模拟电力电缆芯和外护两层结构。

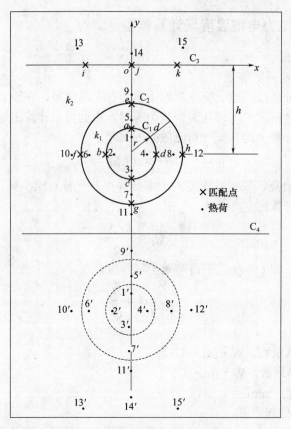

图 6-9　带橡胶发热管计算模型

发热管计算模型如图 6-9 所示，将套有橡胶套的发热管埋于深 h 的土壤中，建立直角坐标系。k_1、k_2 分别为橡胶套和土壤的导热系数，C_1、C_2、C_3、C_4 分别为发热管导体芯、橡胶套、地面和深层土壤 4 个边界。根据传热学可知，模型的数学描述如下。

土壤区域满足的控制方程：

$$\frac{\partial^2 T}{\partial x^2} + \frac{\partial^2 T}{\partial y^2} = 0 \tag{6-18}$$

发热管区域满足的控制方程：

$$\frac{\partial^2 T}{\partial x^2} + \frac{\partial^2 T}{\partial y^2} + \frac{q}{k} = 0 \tag{6-19}$$

边界条件：

(1) 在发热管芯 C_1 上，为等温面温度不变 $(T(i))$；

(2) 介质的分界面 C_2 上，为温度的连续以及热流密度的法线方向分量的连续；

(3) 在地面 C_3 上，满足土壤与环境对流换热的第三类边界条件；

(4) 在深层土壤 C_4 上，为参考温度，此处取 20℃。

如图 6-9 所示，把发热管导体内、橡胶套、土壤、空气中的模拟热荷加以编号，热量分别表示为 $Q_0(j)(j=1\sim k)$、$Q_1(j)(j=k+1\sim m)$、$Q_2(j)(j=m+1\sim n)$、$Q_3(j)(j=n+1\sim p)$，则在各轮廓点 i 上的边界条件(a)、(b)将如下所示。

(a) 发热管导体芯上

k_1 侧发热管上：

$$\sum_{j=1}^{k} P(i,j)Q_0(j) + \sum_{j=m+1}^{n} P(i,j)Q_2(j) = T(i) \qquad (6\text{-}20)$$

k_2 侧发热管上：

$$\sum_{j=1}^{k} P(i,j)Q_0(j) + \sum_{j=k+1}^{m} P(i,j)Q_1(j) = T(i) \qquad (6\text{-}21)$$

在图 6-9 中，k_2 侧没有发热管，实际计算中不用公式(6-21)。另外，镜像热荷的作用，包含于温度系数 $P(i,j)$ 内。

(b) 土壤和绝缘介质分界面上

分界面上温度的连续条件：

$$\sum_{j=k+1}^{m} P(i,j)Q_1(j) - \sum_{j=m+1}^{n} P(i,j)Q_2(j) = 0 \qquad (6\text{-}22)$$

分界面上热流密度的连续条件：

$$k_1 \sum_{j=k+1}^{m} \frac{\partial P(i,j)}{\partial n} Q_2(j) + k_2 \sum_{j=m+1}^{n} \frac{\partial P(i,j)}{\partial n} Q_2(j) = 0 \qquad (6\text{-}23)$$

式中，

$P(i,j)$——温度系数。

3. 匹配点温度计算

如图 6-9 所示，模拟热荷分别编号为 1～15，热量分别为 q_1～q_{15}；镜像热荷为 1'～15'，热量分别为 $-q_1$～$-q_{15}$；轮廓点分别用标号为 a～k。列写控制方程，有

$$
\begin{cases}
\left(\sum_{j=1}^{4} P_{aj}q_j + \sum_{j=9}^{12} P_{aj}q_j \right) - \left(\sum_{j=1}^{4} P_{bj}q_j + \sum_{j=9}^{12} P_{bj}q_j \right) = 0 \\[2ex]
\left(\sum_{j=1}^{4} P_{bj}q_j + \sum_{j=9}^{12} P_{bj}q_j \right) - \left(\sum_{j=1}^{4} P_{cj}q_j + \sum_{j=9}^{12} P_{cj}q_j \right) = 0 \\[2ex]
\left(\sum_{j=1}^{4} P_{cj}q_j + \sum_{j=9}^{12} P_{cj}q_j \right) - \left(\sum_{j=1}^{4} P_{dj}q_j + \sum_{j=9}^{12} P_{dj}q_j \right) = 0 \\[2ex]
\left(\sum_{j=1}^{4} P_{ij}q_j + \sum_{j=9}^{12} P_{ij}q_j \right) - \left(\sum_{j=5}^{8} P_{ij}q_j + \sum_{j=13}^{15} P_{ij}q_j \right) = 0 \quad (i=e,f,g,h) \\[2ex]
k_1 \left(\sum_{j=1}^{4} \frac{\partial P_{ij}}{\partial n}q_j + \sum_{j=9}^{12} \frac{\partial P_{ij}}{\partial n}q_j \right) - k_2 \left(\sum_{j=5}^{8} \frac{\partial P_{ij}}{\partial n}q_j + \sum_{j=13}^{15} \frac{\partial P_{ij}}{\partial n}q_j \right) = 0 \quad (i=e,f,g,h) \\[2ex]
\sum_{j=5}^{8} P_{ij}q_j + \sum_{j=13}^{15} P_{ij}q_j = T_f - T_s \quad (i=i,j,k) \\[2ex]
\sum_{j=1}^{4} q_j = Q
\end{cases}
\qquad (6\text{-}24)
$$

式中,

 T_s ——参考温度即深层土壤的温度,℃;

 T_f ——环境温度,℃;

 Q ——发热管芯的发热量,W/m。

方程组(6-24)中各匹配点的温度系数的计算方法如下:

(1) 计算发热管芯表面匹配点的温度时,用自身发热管芯中热荷和自身发热管附近土壤中的热荷。例如,计算单回路电力电缆时,A 相电力电缆的缆芯匹配点温度用 A 相电力电缆缆芯中的热荷和其周围土壤中的热荷,计算 B、C 相电力电缆缆芯表面的温度方法一样。

$$P_{ij} = \frac{1}{2\pi k_1}\ln\frac{R_{ij'}}{R_{ij}} \quad (i = a \sim d; j = 1 \sim 4, 9 \sim 12) \tag{6-25}$$

(2) 计算发热管橡胶绝缘外套表面的温度时,当认为在绝缘介质中时,同计算发热管芯温度的方法一样,如式(6-26);当认为在土壤介质中时,用所有发热管绝缘介质中的热荷和等效空气作用的热荷,如式(6-27)。

$$P_{ij} = \frac{1}{2\pi k_1}\ln\frac{R_{ij'}}{R_{ij}} \quad (i = e \sim h; j = 1 \sim 4, 9 \sim 12) \tag{6-26}$$

$$P_{ij} = \frac{1}{2\pi k_2}\ln\frac{R_{ij'}}{R_{ij}} \quad (i = e \sim h; j = 5 \sim 8, 13 \sim 15) \tag{6-27}$$

(3) 计算等效后的地表温度时,因为它在土壤中,计算方法与发热管绝缘表面外在土壤中情况一样,如式(6-28)。

$$P_{ij} = \frac{1}{2\pi k_2}\ln\frac{R_{ij'}}{R_{ij}} \quad (i = i \sim k; j = 5 \sim 8, 13 \sim 15) \tag{6-28}$$

计算中,为了方法的自身验证应取校核点,用校核点的温度和匹配点温度比较,使满足一定精度要求。因为在计算中取缆芯导体表面为等温面而用少量几个匹配点将条件离散化,所以应在缆芯导体表面取校核点;同时,等效地表为等温面计算时也只取了几个匹配点,所以在等效地表上也应取校核点。校核点温度计算和匹配点方法是一样的。计算流程图如图 6-10 所示。

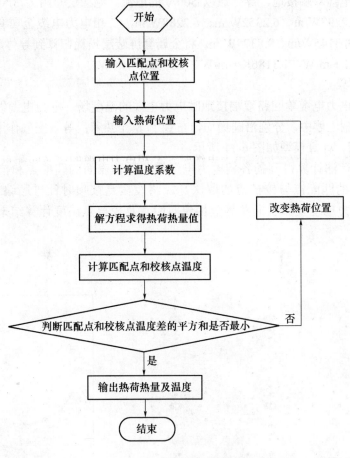

图6-10 程序计算流程图

6.4 水平排列电力电缆温度场计算实例

1. 电力电缆结构参数及敷设条件设置

以单回路 800mm² YJLW02 XLPE 电力电缆为例，电力电缆结构参数如表 3-3 所示。敷设条件如表 6-3 所示，回路间距 200mm。

表6-3 单回路 800mm² YJLW02 XLPE 电力电缆敷设条件

敷 设 条 件	参 数
埋深	0.7m
土壤热阻	1.0 K·m/W
空气温度	40℃
土壤温度	20℃
排列方式	水平排列

假设电力电缆双端接地，导体通以 500A 的电流，绝缘层热阻为 3.5K·m/W，三相导体损耗为 6.2297W/m、6.2352W/m、6.2288W/m，三相电力电缆金属套屏蔽层损耗为 13.893W/m、10.3145W/m、9.8375W/m。将金属套屏蔽层损耗归算到导体后，绝缘层热阻将变为 1.0835K·m/W、1.3186K·m/W、1.3569K·m/W。

2. 计算结果

计算单芯电力电缆单回路双端接地时电力电缆的温度场，电力电缆缆芯、外护、各相电力电缆周围土壤中，分别沿圆周均匀布置了 8 个热荷；等效空气作用的热荷沿直线分布 11 个热荷，计算模型如图 6-11 所示。

用模拟热荷法计算得到的各相电力电缆缆芯导体表面的匹配点和校核点的温度，每相电力电缆的匹配点与校核点的取法是，将校核点按顺时针排序编号，如图 6-12 所示。三相电力电缆缆芯表面及等效地表匹配点及校核点温度计算结果如表 6-4 和表 6-5 所示。

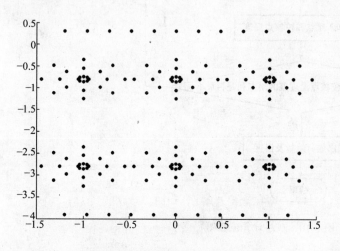 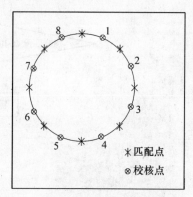

图 6-11　热荷位置分布图　　　　　　图 6-12　匹配点与校核点布置示意图

表 6-4　A、B、C 相电力电缆缆芯匹配点和校核点温度

编　号	A 相电力电缆/℃	B 相电力电缆/℃	C 相电力电缆/℃
1	57.9825	58.5650	56.2628
2	57.9827	58.5652	56.2628
3	57.9827	58.5652	56.2628
4	57.9824	58.5650	56.2628
5	57.9824	58.5650	56.2628
6	57.9824	58.5650	56.2631
7	57.9824	58.5652	56.2631
8	57.9824	58.5650	56.2629
匹配点	57.9827	58.5653	56.2630

表 6-5　等效地表上匹配点温度和校核点温度

编 号	校核点/℃	编 号	校核点/℃
1	40.039	7	39.997
2	39.985	8	40.007
3	40.007	9	39.985
4	39.997	10	40.039
5	40.001	匹配点	40.000
6	40.001		

此时，匹配点与校核点温度之差的平方和最小为 0.0035，满足精度要求。温度场图如图 6-13 所示。

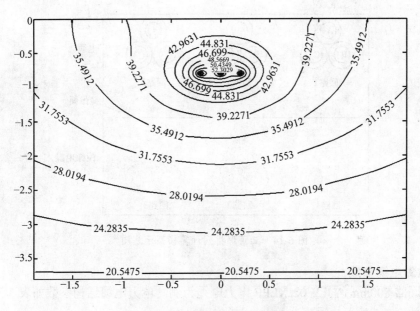

图 6-13　温度场等温线图

最后，将模拟热荷法计算的结果与 ANSYS 有限元方法计算结果进行比较，如表 6-6 所示，计算误差在 0.3℃以内。

表 6-6　模拟热荷法与有限元计算结果比较

计 算 方 法	A 相电力电缆温度/℃	B 相电力电缆温度/℃	C 相电力电缆温度/℃
有限元	58.2000	58.7000	56.2000
模拟热荷法	57.9827	58.5653	56.2630
温差	0.2173	0.1347	0.0630

6.5 三角形排列电力电缆温度场计算

1. 三角形排列计算模型

以三回路电力电缆敷设为例，建立计算模型，如图6-14所示。计算中采用电力电缆等效为导体和外护两层结构后的电力电缆等效模型，在导体和外护中分别布置热荷，这里设置热荷个数为8个；分别在每根电力电缆周围土壤中布置热荷个数，也取用8个，沿圆周方向分布；等效空气域中的热荷与上节计算中布置方式相同；相应地在电力电缆导体表面、外护表面以及等效地表表面布置匹配点。镜像热荷的布置是以镜像面为对称面相应的布置热荷的镜像热荷。

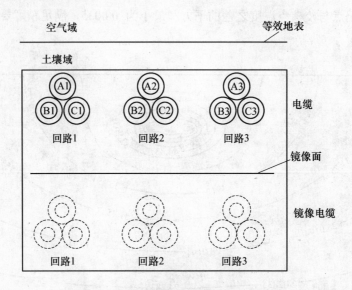

图6-14　三角形排列计算模型示意图

2. 电力电缆参数

以三回路800mm² YJLW02 XLPE电力电缆为例，电力电缆结构参数如表3-3所示。敷设条件如表6-7所示。

表6-7　三回路800mm² YJLW02 XLPE电力电缆敷设条件

敷 设 条 件	参 数	敷 设 条 件	参 数
埋深	0.7m	土壤温度	20℃
土壤热阻	1.0 K·m/W	回路间距	0.2m
空气温度	40℃	排列方式	三角形排列

3. 计算结果

将模拟热荷法计算三角形排列三回路电力电缆线芯温度与有限元仿真结果对比，如表6-8所示。模拟热荷法计算结果与有限元结果误差在1℃以内，可见模拟热荷法计算满足精度要求。

168

表 6-8　两种方法计算结果比较

方法	$A_1/℃$	$B_1/℃$	$C_1/℃$	$A_2/℃$	$B_2/℃$	$C_2/℃$	$A_3/℃$	$B_3/℃$	$C_3/℃$
热荷法	69.4795	68.5957	71.3996	72.7788	73.2724	73.2750	69.8599	71.9465	68.6849
有限元	70.2670	69.3720	71.9180	73.2150	73.7210	73.2150	70.0840	71.5680	68.8220
温差	0.7763	0.7875	0.5184	0.4362	0.4362	0.0600	0.3785	0.2241	0.1371

6.6　模拟热荷法计算复合介质温度场

6.6.1　回填沙土电力电缆温度场计算模型

1. 匹配点分布

当单芯电力电缆群直埋于土壤时，为了改善电力电缆的散热，常常在电力电缆周围回填细沙等，因此电力电缆处于多种介质的复杂环境中。由于电力电缆长度远远大于电力电缆截面，可以认为此时的温度场为二维平行平面场。同时，采用热路和调和平均法将电力电缆导体外各层等效为一层，这样单芯电力电缆等效为导体和外护两层结构，且损耗全部集中在导体内。电力电缆导体为金属，导热率很高，可以认为导体为等温体(类似于电场中的等电位体)。于是，以电力电缆单回路敷设为例，建立计算模型如图 6-15 所示。

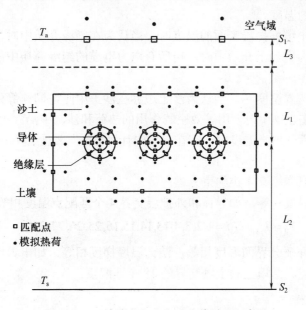

图 6-15　回填沙土电力电缆计算模型示意图

以大地表面为分界线，地上空气和地下土壤存在温差，在地表以空气对流的形式传热。根据换热量相等的原则，空气对流换热系数可以用一定深度的土壤代替，从而将对流换热系数消掉，而地表变成等温线。由于深层土壤温度不随外部环境所改变，即保持在一个恒定的温度，因此，可设定电力电缆以下 3m 处为等温边界。此时单回路电力电缆土壤直埋温度场变为一个以 S_2 为分界线的半无限大平面场，如图 6-15 所示。

图 6-15 所示模型与以大地为分界面、上部有带电圆柱体、具有不同介质的静电场完全相似。根据相似性原则,将静电场计算中的模拟电荷法、镜像法、多种介质束缚电荷的思想引入地下电力电缆温度场计算,即可采用模拟热荷法、镜像法、多层介质内束缚热荷对地下电力电缆温度场进行求解计算。

2. 匹配点设置及其温度计算

类比于多种介质静电场中模拟电荷和匹配点的设置原则,单回路电力电缆土壤直埋温度场中模拟热荷和匹配点设置如图 6-15 所示。在每根导体域内配置 4 个模拟热荷;在原空气域内配置 3 个模拟热荷;在每根电力电缆外护层内配置 8 个束缚热荷;在回填土中配置两组束缚热荷:靠近每根电力电缆配置 8 个束缚热荷,靠近回填土和土壤边界配置 18 个束缚热荷;在土壤中靠近回填土和土壤边界配置 18 个束缚热荷。热荷的编号规律为:按每根电力电缆从里至外 20 个热荷、整个回路从左至右 60 个热荷、回填土靠近土壤边界 18 个热荷、土壤靠近回填土边界 18 个热荷、空气 3 个热荷的顺序进行编号。

同时在导体与电力电缆外护层边界取 8 个匹配点;在空气与土壤边界取 3 个匹配点;在电力电缆外护层和回填土边界取 8 个匹配点;在回填土和土壤边界取 18 个匹配点。匹配点编号顺序为电力电缆按从里到外,从左到右,先电力电缆后土壤,最后空气边界。

四类匹配点温度计算方法如下:

第一类:缆芯表面匹配点的温度时,用自身缆芯中热荷和自身电力电缆附近热荷,例如,计算电力电缆 1 时用电力电缆 1 缆芯中的热荷和其周围的热荷,同样计算电力电缆 2 和 3 缆芯表面的温度。

第二类:电力电缆外护层表面的温度时,当认为在绝缘介质中时,同计算缆芯温度的方法一样;当认为在沙土介质中时,用所有电力电缆的绝缘介质中的热荷和土壤中的热荷。

第三类:沙土边界温度时,当认为沙土边界在沙土中时,同计算外护层在沙土中的方法一样;当认为在土壤中时,用等效空气作用的热荷和沙土中沿沙土边界分布的热荷。

第四类:等效后的地表温度时,它在土壤中计算方法与沙土边界在土壤中的一样。

3. 约束方程

地下电力电缆温度场有 4 类约束方程:

第一类:边界温度相等,如导体和外护层交界 4 个匹配点温度相等:

$$T_j = T_{j+1} \quad (j = 1,2,3,4,13,14,15,16,25,26,27,28) \tag{6-29}$$

第二类:两种介质分界面温度相等,法向温度梯度相等,如电力电缆外护和回填土交界面的 8 个匹配点、回填土和土壤交界的 18 个匹配点:

$$\begin{cases} T_{j1} = T_{j2} \\ \lambda_1 \left(\dfrac{\partial T_{j1}}{\partial n} \right) = \lambda_2 \left(\dfrac{\partial T_{j2}}{\partial n} \right) \end{cases} \quad (j = 5,6,\cdots,12,17,18,\cdots,24,29,30,\cdots,36) \tag{6-30}$$

$$\begin{cases} T_{j2} = T_{j3} \\ \lambda_2 \left(\dfrac{\partial T_{j2}}{\partial n} \right) = \lambda_3 \left(\dfrac{\partial T_{j3}}{\partial n} \right) \end{cases} \quad (j = 37,38,\cdots,54) \tag{6-31}$$

170

第三类：已知匹配点温度，如 S_1 上 3 个匹配点，温度为空气温度 T_a；

$$T_{j4} = T_a \quad j = 55, 56, 57 \tag{6-32}$$

第四类：导体内模拟热荷总热量与导体发热功率相等。

$$\begin{cases} \displaystyle\sum_{j=1}^{4} q_j = W_1 \\ \displaystyle\sum_{j=21}^{24} q_j = W_2 \\ \displaystyle\sum_{j=41}^{44} q_j = W_3 \end{cases} \tag{6-33}$$

式中，

W——导体损耗，W；

q_j——模拟热荷热量，W；

T——匹配点温度，℃；

λ_1——外护导热系数，W·(m·℃)$^{-1}$；

λ_2——回填土的导热系数，W·(m·℃)$^{-1}$；

λ_3——土壤导热系数，W·(m·℃)$^{-1}$；

T_a——空气温度，℃。

综合式(6-29)~式(6-33)即可构成求解方程组。

6.6.2 回填沙土电力电缆温度场计算实例

1. 电力电缆结构及敷设参数

以三回路 800mm^2 YJLW02 XLPE 电力电缆为例，计算了已知电流时的电力电缆线芯导体温度。电力电缆线芯和金属套的损耗可以通过有限元或贝塞尔函数求解。电力电缆敷设条件如表 6-9 所示。

表 6-9　三回路 800mm^2 YJLW02 XLPE 电力电缆敷设条件

敷 设 条 件	参 数	敷 设 条 件	参 数
埋深	0.7m	空气温度	40℃
土壤热阻	1.0K·m/W	土壤温度	20℃
回填土热阻	0.5K·m/W	电力电缆间距	0.2m
回填土距电力电缆	0.2m	排列方式	"一"字形排列

2. 计算结果

模拟热荷法计算结果与有限元法计算结果的比较见表 6-10。结果表明，利用模拟热荷法计算具有多种外部传热介质的地下电力电缆群温度场的结果与利用有限元计算的结果误差很小，可以用于满足工程实际。

表 6-10　模拟热荷法结果与有限元结果比较

方法	$A_1/℃$	$B_1/℃$	$C_1/℃$	$A_2/℃$	$B_2/℃$	$C_2/℃$	$A_3/℃$	$B_3/℃$	$C_3/℃$
热荷法	68.87	72.45	75.89	77.60	78.59	78.70	77.75	75.58	69.03
有限元	69.55	73.15	76.30	77.09	78.16	77.93	76.99	74.84	68.78
温差	0.68	0.70	0.41	0.51	0.43	0.77	0.76	0.74	0.25

　　电力电缆周围回填沙土是土壤直埋敷设方式中常采用的措施，这就造成电力电缆位于多种介质土壤中。这种敷设方式与电力电缆位于单一介质土壤时的温度场具有明显不同的热表现，电力电缆导体的温度不同，从而导致电力电缆的载流量发生变化。由于存在电力电缆圆形与沙土四边形不同的形状，对于单回路单芯电力电缆，在回填土中采用 4 组热荷模拟回填土对电力电缆和土壤温度场的影响。计算结果表明，这里给出的方法在满足精度的基础上，简化了计算过程，提高了计算速度。

第7章 载流量数值计算及影响因素分析

7.1 热电耦合分析

在电力电缆结构参数和排列参数确定以后，电力电缆金属部分的电磁损耗由电力电缆所施加的电流和金属部分的电阻率和磁导率所决定。而电磁损耗又使得电力电缆的温度升高，即电力电缆金属部分的温度升高。电力电缆金属部分的电阻率和磁导率通常随温度而变化。例如金属的电阻率可以根据式(7-1)计算

$$\rho = \rho_{20}(1 + \alpha(T - 20)) \tag{7-1}$$

式中，

ρ_{20}——20℃时的电阻率，$\Omega \cdot m$；

α——电阻随温度变化的温度系数，1/K；

T——真实温度，℃；

ρ——当前温度下的电阻率，$\Omega \cdot m$。

以铜为例，$\alpha = 0.00393$ 1/K。当 $T = 90$ ℃时，电阻率将增大0.2751倍，即损耗将增大0.2751。当计算暂态温度场时，损耗将增大0.9039(XLPE短时耐受温度250℃)。

可见，电力电缆电磁损耗和温度场的计算是一个相互耦合的过程。

在IEC-60287载流量计算方法中，电力电缆的缆芯导体损耗是设定导体温度为90℃的基础上计算而得，金属套和铠装层的损耗是以缆芯导体损耗比例的关系给出，然后由此计算电力电缆的载流量。

从图4-13可以看出，中间电力电缆缆芯的导体温度最高为45℃，而两侧电力电缆缆芯的温度为41℃左右，即不同相电力电缆缆芯的温度是不同的，金属套和铠装层的温度往往更低，因此IEC-60287没有完全考虑电力电缆温度场计算中的温度场和电磁场之间的耦合问题。实际上，温度场和损耗计算是相互耦合的过程。

温度场、电磁场的相互关系如图7-1所示[88]。与此同时，电力电缆绝缘层的绝缘损耗因数也是随温度变化的，即绝缘层介质损耗与温度场的计算也是一个相互耦合的过程。

鉴于此，国外开始研究利用热电耦合的方法计算电力电缆的温度场分布。文献[70]中,通过电流预测导体温度，将温度对损耗的影响引入解析计算表达式中，仍然存在一定的误差；文献[71-73]中，利用有限元实现了温度场和电磁场的间接耦合计算，计算速度较慢。本文在温度场和电磁场有限元剖分过程中，电力电缆区域采用相同的网格剖分，而其他区域两场可以单独剖分，分别满足各自的边界条件。这就使得温度场和电磁场有限元求解矩阵中，电力电缆区域的单元可以通过下述方程耦合在一起[106]。

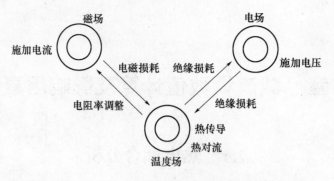

图 7-1 温度场、电磁场耦合关系

在第4章利用有限元计算电力电缆温度场计算公式中单元系数矩阵 $\boldsymbol{p}^e$ 为

$$p_i = p_j = p_m = \frac{\Delta}{3}q_v \tag{7-2}$$

式中，

q_v^e 可由第3章中式(3-52)和式(3-53)计算而得。

而电流密度是根据矢量磁位有限元方程求解而得的。矢量磁位有限元计算中，K, T, P 各单元的计算公式如下：

$$\begin{cases} K^e = \dfrac{1}{4\Delta\mu}(b_r b_s + c_r c_s) \\[2mm] T^e = \dfrac{\Delta}{12}\mathrm{j}\omega\sigma(1+\delta_{rs}) \qquad (r,s=1,2,3) \\[2mm] P^e = \dfrac{J_s^e \Delta}{3}\,或0 \end{cases} \tag{7-3}$$

综合式(7-2)和式 (7-3)，电磁场和温度场可以通过下列各式实现耦合：

$$\begin{cases} \sigma = \dfrac{\sigma_0}{1+\alpha T_{\text{ave}}^e} \\[2mm] q_v^e = \dfrac{J^e \cdot J^{e*}}{\sigma} \end{cases} \tag{7-4}$$

式中，

$$T_{\text{ave}}^e = (T_1^e + T_2^e + T_3^e)/3$$

$$J^e = -\frac{\mathrm{j}\omega\sigma}{3}(A_1^e + A_2^e + A_3^e) + J_s^e$$

在温度场和电磁场各经过一次剖分后，生成了各自的有限元求解矩阵式(3-43)和式(4-45)，利用高斯－塞德尔迭代法，可以通过式(3-43)、式(4-45)和式(7-4)联立求解而得，提高了计算速度。

根据文献[22-23]，可以建立绝缘介质损耗因数与温度的对应关系表，绝缘介质损耗与温度场的耦合可以通过查表和迭代的方法实现耦合计算。

本节利用高斯－塞德尔迭代的方法实现了多场的耦合计算，如图7-2所示[107]。

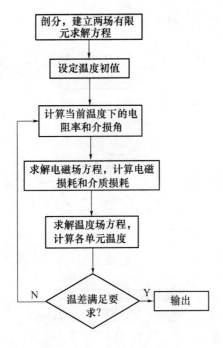

图 7-2　温度场多场耦合计算流程

本节迭代过程设定当所有点两次温差小于 0.5℃停止。最终计算所得的结果即为给定负荷电流下的电力电缆群温度场分布。

7.2　载流量数值计算方法

高压电力电缆载流量数值计算建立在温度场数值计算的基础上。第3章已经介绍了电力电缆电磁损耗的数值计算方法，第4章介绍了土壤直埋电力电缆群温度场有限元计算方法，第5章介绍了排管、隧道和沟槽敷设电力电缆群温度场有限元计算方法，7.1节介绍了电力电缆温度场计算中的电磁场和温度场耦合计算方法。

前面介绍的电磁场和温度场计算均是在给定电力电缆负荷电流的基础上，属于电磁场和温度场计算的正问题，而电力电缆载流量计算是一个电磁场和温度场计算的逆过程，即已知缆芯最高温度为90℃，在此基础上确定电力电缆能流过的最大电流。

其计算过程可以采用牛顿法和高斯－塞德尔迭代法，首先设定一个电力电缆负荷电流，根据电力电缆负荷电流计算电力电缆温度场分布，然后根据计算所得温度调整电力电缆负荷电流直到电力电缆导体温度达到90℃(XLPE电力电缆绝缘长期工作耐受温度)为止。

对于等截面、等负荷电力电缆群，采用牛顿法进行求解，计算过程如图7-3所示。

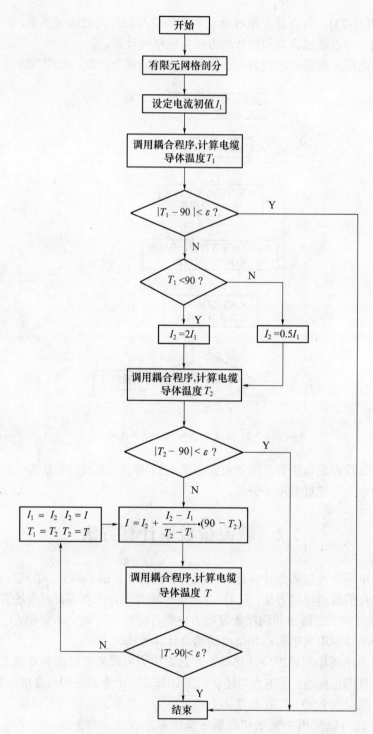

图 7-3　牛顿法计算等负荷、等截面电力电缆群载流量流程

对于不等负荷电力电缆群，采用牛顿法和高斯－塞德尔迭代法联合进行求解，即每个回路电力电缆的载流量调整按牛顿法进行，而整个电力电缆群多个回路电力电缆载流量的调整按高斯－塞德尔迭代法进行，计算过程如图7-4所示。

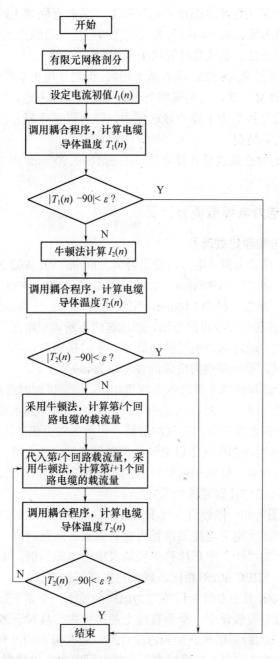

图 7-4 高斯—塞德尔法计算不等负荷电力电缆群载流量流程

7.3 载流量数值计算实例

7.3.1 土壤直埋电力电缆载流量计算

以前面给出的800mm²电力电缆及其敷设条件为例，当考虑回填砂土时，电力电缆为200mm厚的沙土，沙土热阻为2.0℃·m/W，图4-13中缆芯导体最高温度为45℃，而交联聚乙烯电力电缆要求长期工作绝缘温度不超过90℃，因此有回填土时的电力电缆载流量为887A。当不考虑回填沙土，电力电缆外为均匀土壤，且热阻维持在1.0℃·m/W时，利用7.2节给出的载流量计算方法，载流量计算结果为987A。

而IEC-60287计算结果为990A，两者基本相同。但对于电力电缆周围局部回填沙土时，IEC-60287没有给出计算公式，只能按整个土壤全部按干燥考虑，势必造成载流量计算结果的降低，不能充分发挥电力电缆的输送能力，即有限元计算方法适用于更加广泛的应用场合，也更符合实际情况。

利用7.2节给出的暂态载流量计算方法，前面给出的800mm²电力电缆及其敷设条件的短路载流量为21266A。

7.3.2　排管敷设电力电缆载流量计算

1. 单回路电力电缆额定载流量

以图5-1中3×3排管为例，电力电缆型号为800mm² YJLW02 XLPE电力电缆，排管中心间距为200mm，埋深为1000mm，土壤热阻1.0℃·m/W，PVC排管热阻6℃·m/W，排管内径为120mm，排管外径为140mm，空气温度35℃，土壤深层温度8℃。

利用第5章和本章前两节给定的方法，通过迭代不断调整电流直到最高温度达到绝缘耐受温度为止，由此可确定电力电缆的载流量。单端接地时，单回路电力电缆的载流量为858A；双端接地时，单回路电力电缆的载流量为469A。

与不考虑水分迁移和回填土直埋电力电缆相比，单端接地时载流量降低了13%；双端接地电力电缆载流量下降了27.5%。这是由于排管内空气的导热系数比土壤的导热系数要低得多，虽然自然对流增强了管内空气的散热，但散热能力仍然比土壤直埋要低。

IEC-60287中，排管内部空气是以空气热阻的形式给出的，且没有考虑附近没有电力电缆的排管对散热的影响。针对于水平线上的"一"字形排列排管敷设电力电缆为例，上述电力电缆的IEC-60287计算载流量为930A。

通过第5章中各图可知，排管内空气不仅存在空气热传导，同时存在很强的自然对流和热辐射，而且两侧没有电力电缆的排管内也有强烈的自然对流，即对散热有明显的影响。针对于水平线上的"一"字形排列排管敷设电力电缆为例，上述电力电缆的有限元计算载流量为953A，与IEC-60287相比，载流量提高了2.5%。

此外，IEC-60287计算主要针对回路电力电缆敷设于一个水平线上的排管内，而现实中通常一个回路电力电缆敷设于一个垂直线上的排管内，且对于多回路电力电缆敷设于密集排管内时，IEC-60287采用热叠加的方法计算，而有限元则没有限制，既可以计算水平方向，又可以计算垂直方向，也可以直接计算多回路电力电缆群的情况。

因此，有限元计算排管敷设电力电缆群载流量可以适用于更加复杂情况，比较真实地反映了排管内空气层的散热情况，弥补了IEC-60287的不足，提高了电力电缆群载流量计算的准确性。

2. 多回路电力电缆额定载流量

电力电缆型号和排管规格与单回路时相同，当图5-1中放置三回路电力电缆，电力电缆金属套单端接地时，三回路电力电缆群的载流量为670A。与单回路电力电缆相比，三回路电力电缆载流量下降了21.9%。这是由于多回路电力电缆群损耗的增加，以及不同电力电缆回路间热的相互作用，造成了中间电力电缆损耗最大、散热最不利。

3. 单回路电力电缆暂态载流量

电力电缆型号和排管规格同前，当图5-1中放置单回路电力电缆，电力电缆金属套单端接地时，其他电力电缆和排管(PVC)参数前相同。由于单端接地时损耗主要集中在电力电缆线芯导体，金属套内损耗很小，因而三个导体的温度很快上升，达到523K，即250℃。5s短路载流量最大限值为74036.6A，短路载流量是额定载流量的86.3倍。

7.3.3 隧道敷设电力电缆载流量计算

电力电缆型号为800mm² YJLW02 XLPE电力电缆，隧道为2m×2m的方形，如图5-2所示。在土壤深层温度为8℃，电力电缆间距为200mm。单端接地时，单回路电力电缆的载流量是1164A，比土壤直埋提高了31%，比排管敷设电力电缆提高了35.7%。

由于不同回路电力电缆间存在热的相互作用，因而多回路时电力电缆的载流量有所降低。"一"字形排列三回路单端接地电力电缆的载流量为844.7A。与单回路相比，载流量降低了27%。

单回路三角形排列单端接地电力电缆的载流量为1060.7A，与"一"字形排列相比，载流量下降了8.9%。

三回路三角形排列单端接地电力电缆群的载流量为801.7A，与"一"字形排列相比，载流量下降了5.1%；与单回路三角形排列相比，载流量下降了24.4%。

单回路"一"字形排列单端接地的短路载流量为74042.8A，是额定载流量的63.6倍。

7.3.4 沟槽敷设电力电缆载流量计算

电力电缆型号为800mm² YJLW02 XLPE电力电缆，沟槽为1m×1m的方形，土壤热阻1.0℃·m/W，空气温度35℃，土壤深层温度8℃。沟槽内"一"字形排列单回路单端接地电力电缆的载流量为1085A，比隧道中低6.8%。

通过迭代计算可得，满足5s内电力电缆内温度不超过250℃时，短路载流量为33911.6A，是额定载流量的31.3倍。

7.4 载流量影响因素分析

7.4.1 土壤直埋电力电缆影响因素分析

1. 地表空气温度对载流量的影响

土壤直埋方式下，电力电缆的发热向两个方向扩散：向远处土壤和通过地表对流换热向空气中扩散。由于电力电缆通常距离地面较近(电力电缆通常敷设于地表以下0.7m～1.0m)，较大量的热量将通过地表向空气中扩散。而地表空气的散热由牛顿定律决定，即由地表土壤温度和空气温度差值及对流换热系数决定，其计算公式(见4.2节土壤直埋电力电缆温度场模型)。在计算载流量时，通常取当地最热月平均气温为环境空气温度，而不同地域最热月平均气温相差可能较大(以全国为例，最热月在7月，南昌最高温度为29.6℃，拉萨最高温度为15.3℃[108])，此外不同季节下，环境空气温度不同，实时载流量也不同。表 7-1 给出了单回路单端接地电力电缆载流量与地表空气温度的关系。

表 7-1　载流量与地表空气温度的关系

地表温度(℃)	20	25	30	35	40
载流量(A)	994	959	924	887	850

随着地表空气温度的升高，对流换热的温差较小，换热量减小，因而电力电缆的载流量减小，且载流量下降与温度升高基本成线性关系。

2. 回填土对电力电缆载流量的影响

当土壤直埋电力电缆的外表面温度较高(超过 50℃)时，电力电缆表面土壤中水分受温差的影响，水分将向远离电力电缆区域扩散，从而造成电力电缆周围土壤变得越来越干燥，含水量降低。文献[109-111]针对温度对土壤水分迁移进行了试验研究，给出了试验土壤含水率与热源距离的关系。文献[112]对单回路电力电缆土壤直埋电力电缆周围土壤的水分迁移进行了试验研究，试验表明只有电力电缆附近会产生土壤水分的迁移，而距离电力电缆 20cm 外，基本没有水分迁移发生。文献[113]给出了黄土热阻与土壤含水率的关系，两者基本保持线性关系，即土壤热阻随含水率减少而线性增大。为了更加准确地计算电力电缆发热对土壤水分迁移的影响，以及水分迁移对土壤热阻及电力电缆载流量的影响，文献[114-118]将土壤水分的在线监测引入载流量确定，实时确定土壤的热阻，并根据含水率及热阻的变化确定电力电缆的载流量。

基于前人研究的基础，可以采用有回填土模型计算水分迁移对电力电缆载流量的影响，即取电力电缆周围 20cm 的区域为土壤干燥区域，且土壤干燥后热阻将变得比较大，大约在(2.5～3)℃·m/W 之间。以干燥土壤热阻为 2.5℃·m/W 为例，单回路"一"字形排列单端接地电力电缆载流量为 850A。为了改进散热能力，目前通常在电力电缆周围回填利于散热的沙土，且沙土干燥时的热阻为 2.0℃·m/W，回填沙土时的载流量为 887A，提高了 4.4%的载流量。

3. 排列方式和接地方式对载流量的影响

电力电缆排列方式主要有"一"字形和三角形两种方式，"一"字形排列方式有利于散热，但也会产生电磁场的不平衡，特别是在双端接地时，金属套将产生较大的环流损耗；三角形排列不利于散热，但电磁场比较平衡，对外电磁影响较小。

其他条件同上时，"一"字形排列方式单端接地电力电缆载流量为 887A，双端接地电力电缆载流量为 576A；三角形排列方式单端接地电力电缆载流量为 736A，双端接地电力电缆载流量为 616A。计算结果表明在单端接地时"一"字形排列方式电力电缆载流量较大，这是由于"一"字形排列时电力电缆间距较大，电磁影响较小，金属套损耗较小，同时利于散热；在双端接地时三角形排列方式电力电缆载流量较大，这是由于三角形排列方式下电磁场较平衡，金属套损耗相比"一"字形排列要小得多，"一"字形排列的散热有力条件不能弥补损耗的大幅增加。

4. 多回路电力电缆对载流量的影响

对于单芯电力电缆，无论是"一"字形排列还是三角形排列，多回路电力电缆间的电磁感应会造成电力电缆损耗的增加，而且回路间会产生热的叠加，造成载流量的降低。

以单回路"一"字形排列单芯电力电缆为例，等负荷电力电缆载流量与回路间的关系如表7-2所示。

表 7-2 载流量与回路的关系

接地方式	一字形排列			三角形排列		
	单回路	双回路	三回路	单回路	双回路	三回路
单端接地	887	765	574	736	601	525
双端接地	576	484	443	616	507	446

对于三芯电力电缆，单根电力电缆内部电流和为 0，对外电磁场基本可以忽略。电力电缆间可以只考虑热的相互影响。

以 400mm² YJLV22 电力电缆为例，当电力电缆埋深为 1000mm，地表温度为 35℃，电力电缆间距为 100mm 时，单根电力电缆的载流量为 605A，三根电力电缆等负荷时的载流量为 384A。图 7-5 给出了三根电力电缆等负荷时的电力电缆温度场分布图。

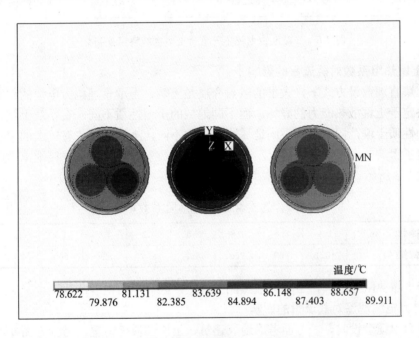

温度/℃

78.622 81.131 83.639 86.148 88.657
  79.876 82.385 84.894 87.403 89.911

图 7-5 三芯电力电缆等负荷电力电缆群温度场分布

图 7-5 中，中间电力电缆的温度最高，达到了绝缘长期耐受温度 90℃，而两边的电力电缆并没有达到绝缘长期耐受温度，即电力电缆并没有得到充分利用。

为了使每根电力电缆都能够充分利用，可以针对不同电力电缆施加不同负荷。当三根电力电缆截面分别为 240 mm²、300 mm²、400 mm² 时，不等负荷时的载流量分别为 335A、317A 和 421A。

图 7-6 给出了三根电力电缆不等负荷时的电力电缆温度场分布，三根电力电缆同时达到了绝缘长期耐受温度，每根电力电缆都得到了充分利用。

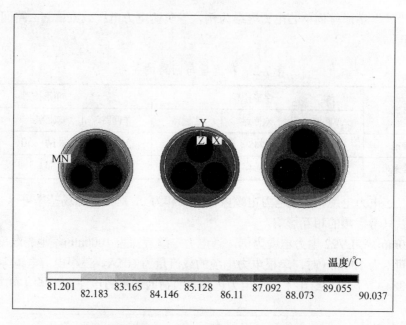

图 7-6   三芯电力电缆不等负荷电力电缆群温度场分布

5. 土壤热阻系数对载流量的影响

在土壤直埋敷设方式下，大量的散热介质是土壤，土壤直埋电力电缆的载流量很大程度上决定于土壤散热能力的好坏。而不同地域的土壤性质不同，有粘质土壤、沙质土壤等多种性质土壤，同时由于不同地域降雨量的不同，土壤含水率有较大的差别，这些因素决定了土壤热阻系数的不同。不同土壤热阻系数下的单回路单端接地电力电缆的载流量如表 7-3 所示。

表 7-3   载流量与土壤热阻系数的关系

土壤热阻系数(℃·m/W)	0.4	0.6	0.8	1.0	1.2	1.4	1.6	1.8	2.0
载流量(A)	1021	969	926	887	855	826	800	776	754

随着土壤热阻的增大，土壤的散热能力降低，因而电力电缆的载流量降低。

6. 电力电缆埋深对载流量的影响

在电力电缆敷设时，一方面考虑地表建筑、土壤性质等情况，另一方面要求电力电缆敷设于冻土层以下，不同地段、不同区域土壤直埋电力电缆的埋深将是不同的。而电力电缆埋深不同，由电力电缆向地表散热的距离将不同，即散热能力不同，载流量必然不同。电力电缆埋深对单回路双端接地电力电缆载流量的影响见表 7-4。

表 7-4   载流量与电力电缆埋深的关系

电力电缆埋深(m)	0.7	0.8	0.9	1.0	1.1	1.2
载流量(A)	915	904	896	887	881	875

由表 7-4 可知，随着埋深的增加，电力电缆距离地面越远，散热经过的土壤介质越多，热阻越大，因而电力电缆载流量降低。从另一方面也证明，大多数电力电缆发热是通过

182

地表向空气中散热。

7. 外部热源对载流量的影响[119]

由于受到环境条件的限制，电力电缆有时会穿过不利于散热的区域，比如硬化路面，周围建筑物较多等情况，有时也会与其他管道并行或交叉敷设，特别是有时会与热力管道距离较近。

以电力电缆线路附近有热力管道为例。热力管道参数为：直径400mm，外护保温层厚度为120mm，外护层热阻系数为17℃·m/W，内部蒸汽温度保持250℃不变，管道敷设于地表以下2000mm时。单回路单端接地电力电缆与给定热力管道不同距离时的载流量见表7-5。

表 7-5　外部热源对载流量的影响

距离(m)	0.6	0.8	1.0	1.2	1.4	1.6	1.8	2.0	2.2	2.4
载流量(A)	752	761	770	779	788	797	805	812	819	825

当无热源时，电力电缆的载流量为887A。表7-5所示载流量均有不同程度的降低。因此，当附近有其他热源时，电力电缆应尽量敷设在距离热源较远的地方，当空间受限时，应参考表7-5将电力电缆降额使用。

7.4.2　排管敷设电力电缆影响因素分析

1. 不同管径时单回路电力电缆载流量计算

电力电缆间距为300mm，其他参数与前面相同。单回路电力电缆单端接地时管径对载流量的影响如表7-6所示。

表 7-6　载流量与管径的关系

管内径(m)	0.12	0.14	0.16	0.18	0.2	0.22	0.24	0.26
载流量(A)	911	915	920	923	926	930	934	938

由表7-6可知，随着排管内径的增大，电力电缆的载流量增大。排管内径增大，促进了管内空气的自然对流，因而也改善了散热，当管内径足够大时，自然对流将由层流转向湍流，散热更加有利，载流量从而增大。另一方面，空气层热传导热阻增大，不利于散热。从表7-2可知，排管内空气层对流散热比热传导的作用要大。

2. 不同管材时单回路电力电缆载流量计算

电力电缆间距为200mm，管内径为12mm，其他参数与前面相同。单回路电力电缆单端接地时管材对载流量的影响如表7-7所示。

表 7-7　载流量与管材的关系

管　材	PVC	水泥	玻璃钢
载流量(A)	858	895.7	888.8

由表7-7可知，不同管材载流量不同。PVC管的热阻系数为6℃·m/W，水泥管的热阻系数为0.78℃·m/W，玻璃钢管的热阻系数为1.3℃·m/W。PVC管的热阻最大，因此

载流量最小；水泥管的热阻最小，因此载流量最大。

3. 载流量与回路数的关系

以 400mm² YJLV22 电力电缆为例，排管埋深为 1000mm，地表温度为 35℃，电力电缆间距为 200mm 时，载流量与电力电缆根数的关系如表 7-8 所示。由于电力电缆间热效应的叠加，造成了多根电力电缆群载流量的降低。

表 7-8 三芯电力电缆载流量与电力电缆根数的关系

电力电缆根数	1	2	3
载流量(A)	543	524	510

7.4.3 排管敷设电力电缆影响因素分析

1. 电力电缆间距对载流量的影响

单回路"一"字形排列单端接地单芯电力电缆为例，隧道和电力电缆参数同前，不同间距与载流量间的关系如表 7-9 所示。

表 7-9 隧道敷设单回路载流量与电力电缆间距的关系

电力电缆间距(m)	0.1	0.15	0.2	0.25	0.3
载流量(A)	1085	1145	1164	1176	1182

以三回路三角形排列单端接地电力电缆群为例，不同回路间距与载流量之间的关系如表 7-10 所示。

表 7-10 隧道敷设载流量与电力电缆间距的关系

回路间距(m)	0.2	0.25	0.3
载流量(A)	801.7	809.3	811.2

在隧道敷设方式下，随着回路间距的增大，电力电缆间热的相互作用减弱，自然对流加强，因而载流量有所升高。与土壤直埋和排管敷设相比，电力电缆间距对载流量的影响比较小，这是由于空气中电力电缆的散热主要是自然对流，而自然对流的方向是向上，电力电缆间空气热阻较大，热相互作用不是很明显。

2. 电力电缆回路数对载流量的影响

以 400mm² YJV22 三芯电力电缆为例，电力电缆间距为 300mm，电力电缆上下排列，电力电缆回路数与载流量的关系如表 7-11 所示。

表 7-11 隧道敷设三芯电力电缆根数与载流量的关系

电力电缆根数	1	2	3
载流量(A)	743	715	696

多回路电力电缆往往呈上下布置，而隧道内电力电缆散热主要靠上下的自然对流，因而不同回路电力电缆间热的影响较大，即载流量随回路数的增多而下降比较明显。

7.4.4 沟槽敷设电力电缆影响因素分析

以 400mm² YJV22 三芯电力电缆为例研究回路数对电力电缆载流量的影响，电力电缆间距为 200mm，电力电缆上下排列，电力电缆根数与载流量的关系如表 7-12 所示。

表 7-12 沟槽敷设三芯电力电缆根数与载流量的关系

电力电缆根数	1	2	3
载流量(A)	825	737	610

由于沟槽内空间较小，电力电缆间距相对隧道也较小，不同回路电力电缆间相互热影响较大，因而载流量随回路数增多而下降较大。

第8章 基于温度在线监测的实时载流量计算方法

8.1 引 言

电力电缆导体载流量最直接的特征量是导体温度，一旦确定了电力电缆导体暂态和稳态温度，就很容易确定电力电缆线路暂态和稳态载流量。但直接测量电力电缆导体温度尚存在技术上的难题。目前，电力部门和研究人员常用的电力电缆温度在线监测方法是利用热电偶装在电力电缆表面重要部位进行测温和利用分布式光纤连续测量电力电缆表面温度。热电偶测温方法只能对电力电缆系统局部位置进行测温，无法实现对整条线路实时温度在线监测。而分布式光纤测温技术只需一根或几根光纤就可连续监测长达数千米的电力电缆线路的温度，可以找出整条线路的最热点，而且不受电力电缆分布电流的影响，不需要维护，因而得到越来越广泛的应用。

根据电力电缆的结构和温度场分布原理，利用由电力电缆各部分热阻和热源构成的热路模型可以从电力电缆表面温度逆推电力电缆线芯导体的温度，根据线芯导体温度与绝缘耐受温度的差值，实现电力电缆载流量的实时计算[120]。

通过前面几章的分析可知，电力电缆及其环境的温度场受到多种因素(如地表空气温度、电力电缆埋深、土壤深层温度、电力电缆排列方式、接地方式、其他回路电力电缆以及外部热源等)的影响，电力电缆内部热量以非轴对称的形式向外散热，从而造成了电力电缆外表面不同点的温度存在较大差异。

以图 0-2 所示单回路电力电缆为例，中相电力电缆外表面温度最高为 74.4℃，最低为 73.8℃，相差 0.6℃，即从不同两点推出的中相线芯导体温度最高相差达 0.6℃，边相电力电缆则最高相差 2.5℃。因此，由同一回路电力电缆端面外表面温度推算回路电力电缆线芯导体温度受热点位置影响较大，而热点的选取往往是困难的。

针对上述问题，本书提出了以电力电缆外表面固定点温度为测量点温度，根据给定负荷电流，利用有限元迭代计算电力电缆温度场，直到固定点测量值和计算值相等为止，从而求出电力电缆线芯温度。

8.2 分布式光纤测温系统

光纤测温的基本原理是：利用一根光纤作为温度信息传导介质，向光纤中发射一个光脉冲后，光纤中的每一个单独的点都将后向散射一小部分光，这一后向散射光包含有斯托克斯光和反斯托克斯光。其中斯托克斯光与温度无关，而反斯托克斯光的强度随温度的变化而变化。由反斯托克斯光与斯托克斯光之比和温度的定量关系，可得温度值：

$$T = \frac{h\Delta f}{K}\left[\ln\left(\frac{I_{\mathrm{S}}}{I_{\mathrm{AS}}}\right) + 4\ln\left(\frac{f_0 + \Delta f}{f_0 - \Delta f}\right)\right]^{-1} \tag{8-1}$$

式中,

h——普朗克常数;

K——玻耳兹曼常数;

I_{S}——斯托克斯光强度,s^{-1}/sr;

I_{AS}——反斯托克斯光强度,s^{-1}/sr;

f_0——伴随光频率,Hz;

Δf——拉曼光频率增量,Hz。

利用入射光和反向散射光之间的时间差 Δt_i 和光纤内的光传播速度 c_k,可以计算不同散射点距入射端的距离 X_i

$$X_i = c_k \frac{\Delta t_i}{2} \tag{8-2}$$

式中,

Δt_i——反向散射延迟时间,s;

c_k——光纤中的光传播速度,m/s。

因而可以得到光纤沿程几乎连续的温度分布。

光纤测温系统如图 8-1 所示。系统分为硬件和软件两大部分。硬件主要由激光组件、双向耦合器、波分复用器、光电雪崩二极管、放大器、信号采集卡和工控机等组成。软件主要读取信号采集卡的状态、斯托克斯数据、反斯托克斯数据、环境温度等,通过运算,计算出光纤上各点温度数据,并在本地显示。

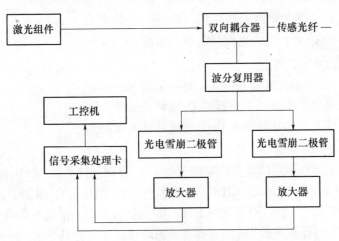

图 8-1 光纤测温系统结构

分布式光纤测温系统的主要性能指标包括:

(1) 测试通道端口为 8 个～16 个;

(2) 系统测量的空间分辨力为±1m;

(3) 测量时间分辨力为秒;

(4) 系统的温度精度好于±1℃；

(5) 工作寿命大于 10 年。

系统的工作机理是：当电力电缆温度变化时，紧贴在电力电缆上的传感光纤的温度也相应变化。光纤所处空间各点的温度场调制了光纤中后向散射光的强度，经波分复用器将后向散射光中的斯托克斯光和反斯托克斯光分离开，再由光电雪崩二极管和放大器分别对这两种光进行接收放大处理，然后经信号采集卡后，由计算机进行数据处理，将光纤各点温度信息实时提取出来并存储。

光纤通常一端插入主处理机上的光纤插口，另一端顺电力电缆方向紧贴外护套表面，用胶布粘好，重点监测部位需多缠绕几圈。分布式光纤测温适用于电力电缆全线，并进行全天候的实时测量。

8.3 热路模型

8.3.1 单芯电力电缆热路模型[121]

以单根单芯电力电缆为例，单芯电力电缆的结构如图 1-1 所示。电力电缆包含线芯导体、绝缘层、金属套、外护层等几个部分。

在交变电流和电压的作用下，电力电缆内存在线芯导体损耗、绝缘层介质损耗、金属套涡流和环流损耗。由于电力电缆导体和金属套均是金属，导热率与绝缘层和外护层相比近似无穷大，可以忽略其热阻的影响。因此，单芯电力电缆的热传递过程可以用图 8-2 所示热路模型描述。

图 8-2 中，Q_c 为电力电缆线芯导体损耗，W/m；Q_s 为金属套损耗，W/m；Q_j 为绝缘介质损耗，W/m；T_w 为电力电缆外表面温度，℃；T_c 为电力电缆线芯导体温度，℃；ΔT 为线芯与外表面温度差，℃。

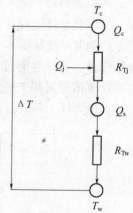

图 8-2 单芯电力电缆热路模型

导体损耗、金属套损耗和绝缘介质损耗可根据第 2 章给出的方法计算。电力电缆线芯导体损耗 Q_c 以体密度施加在线芯导体上，金属套涡流和环流损耗 Q_s 也是以体密度的形式加在金属套上。

线芯导体和金属套都是由高导热率的金属套构成(铜导热率为 384W/(m·℃)，铝导热率为 206 W/(m·℃))，与绝缘层(XLPE 导热率为 0.29W/(m·℃))及外护层(PE 导热率为 0.17W/(m·℃))相比，其热阻可以忽略不计，即热量以节点的形式在热路中体现。

绝缘层和外互层导热系数很小，在图 8-2 热路中必须考虑其热阻。绝缘层、外护层热阻可根据传热学相关知识计算。

绝缘层热阻可表示为

$$R_{Tj} = \frac{1}{2\pi\lambda_j} \cdot \ln\left(\frac{r_{sn}}{r_c}\right) \tag{8-3}$$

式中，

λ_j——绝缘导热系数，W/(m・℃)；

r_c——线芯导体半径，m；

r_{sn}——金属套内半径，m。

外护层热阻可表示为

$$R_{Tw} = \frac{1}{2\pi\lambda_w} \cdot \ln\left(\frac{r_{sw}}{r_w}\right) \tag{8-4}$$

式中，

λ_w——外护层导热系数，W/(m・℃)；

r_{sw}——金属套外半径，m；

r_w——电力电缆外半径，m。

由于绝缘层的导热率较低，介质损耗以体密度的形式施加在整个绝缘层上，由绝缘介质损耗所产生的电力电缆线芯导体与金属套间的温度差需用积分的形式计算，有

$$\Delta T_j = \int_{r_c}^{r_{sn}} q_v \cdot 2\pi r \mathrm{d}r \int_r^{r_{sn}} \frac{\mathrm{d}r}{2\pi r \lambda_j} = \frac{Q_j}{\pi(r_{sn}^2 - r_c^2)} \int_{r_c}^{r_{sn}} 2\pi r \mathrm{d}r \cdot \frac{1}{2\pi\lambda_j} \ln\left(\frac{r_{sn}}{r}\right)$$

$$= \frac{Q_j}{\pi\lambda_j(r_{sn}^2 - r_c^2)} \int_{r_c}^{r_{sn}} r \ln\left(\frac{r_{sn}}{r}\right) \cdot \mathrm{d}r = \frac{Q_j}{4\pi\lambda_j} - \frac{Q_j r_c^2}{2\pi\lambda_j(r_{sn}^2 - r_c^2)} \ln\left(\frac{r_{sn}}{r_c}\right) \tag{8-5}$$

式中，

q_v——绝缘层介质损耗体密度，W/m^3。

图 8-2 中，已知电力电缆表面温度后，电力电缆导体温度为

$$T_c = T_w + (Q_c + Q_j + Q_s) \cdot R_{TW} + Q_c \cdot R_{Tj} + \Delta T_j \tag{8-6}$$

8.3.2　电力电缆群线芯导体温度计算

1. 电力电缆参数和敷设参数

以 800mm^2 YJLW02 XLPE 单回路土壤直埋电力电缆为例，电力电缆结构参数如表 8-1 所示，敷设条件如表 8-2 所示。

表 8-1　电力电缆结构参数

结 构 名 称	参数(mm)
导体直径	34
绝缘层厚度	20
金属屏蔽层厚度	2
外护层厚度	3
电力电缆直径	84

表 8-2　电力电缆群敷设条件

敷 设 条 件	参数
埋深	0.7m
土壤热阻	1.0m・℃/W
沙土热阻	2.0m・℃/W
空气温度	35℃
土壤环境温度	8℃

2. 单回路"一"字形排列双端接地电力电缆

当电力电缆双端接地时，电力电缆金属套损耗较大，可以更好地反映热路模型计算

导体温度的准确性，因此本节以双端接地电力电缆为例进行研究。

单回路"一"字形排列电力电缆如图 8-3 所示。由于利用有限元可以准确计算给定参数下的土壤直埋电力电缆群的温度场分布，本书人为设定有限元计算的电力电缆表面圆周的 4 个点的温度作为测量点温度，如图 8-4 所示。

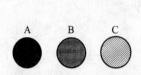

图 8-3 单回路"一"字形排列电力电缆

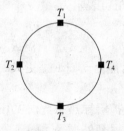

图 8-4 测量点布置图

电力电缆导体通以 500A 的三相电流，三相导体损耗为 5.6919W、5.6989W、5.6929W，三相电力电缆屏蔽层损耗为 9.601W、10.0839W、13.5855W，绝缘层介质损耗为 0.69W。绝缘层热阻系数为 3.5 m·℃/W，外护层热阻系数为 6 m·℃/W。

由表 8-1 给定参数可计算得 $R_{Tj} = 0.4334$，$R_{TW} = 0.0708$。通常中相电力电缆温度最高，由式(8-5)和式(8-6)可计算出中相电力电缆 $\Delta T = 3.75$。

表8-3给出了中相电力电缆表面的 4 个测量点温度和由这 4 个温度分别推算出的线芯温度。

表 8-3 测量温度与推算线芯温度

电力电缆部位	T_1	T_2	T_3	T_4
电力电缆表皮温度	63.4	63.7	63.9	63.5
电力电缆线芯温度	67.2	67.4	67.6	67.3

有限元计算结果为 67.2℃。通过比较而知，当测量点不同时，由电力电缆表皮温度推算而得的电力电缆线芯温度与有限元计算结果的误差不同。以表 8-3 给出 4 个点为例，最大误差为 0.4℃，即实际中的单一的温度测量值具有很大的随机性，可能在最大误差点，也可能在最小误差点。

3. 三回路"一"字形排列双端接地电力电缆

电力电缆间距为 100mm，电力电缆损耗可根据第 2 章给出的方法计算。每根电力电缆 4 个测量点分布同图 8-5。每根电力电缆 4 个测量点温度和有限元计算的线芯温度如表 8-4 所示。

表 8-4 三回路"一"字行排列各点温度

温度	A_1	B_1	C_1	A_2	B_2	C_2	A_3	B_3	C_3
T_1	71.0	76.3	79.1	80.7	81.3	81.0	79.9	77.4	74.3
T_2	70.3	76.5	79.8	81.6	82.5	82.4	81.4	79.1	76.5
T_3	71.4	76.7	79.5	81.1	81.7	81.4	80.3	77.7	74.7
T_4	73.3	78.2	80.7	82.1	82.5	82.1	80.6	78.0	73.7
线芯	74.7	80.2	83.0	84.6	85.2	84.9	83.8	81.2	78.4

回路 1 中 C 相电力电缆温度最高,采用单点测温计算线芯温度分别为:82.6℃,83.3℃,83.0℃,84.2℃,最高误差为 1.2℃。

回路 2 中 B 相电力电缆温度最高,采用单点测温计算线芯温度分别为:84.8℃,86.0℃,85.2℃,86.0℃,最高误差为 0.8℃。

回路 3 中 A 相电力电缆温度最高,采用单点测温计算线芯温度分别为:83.4℃,84.9℃,83.8℃,84.1℃,最高误差为 1.1℃。

多回路情况下,监测单点温度计算电力电缆线芯导体温度时,其热点的选择对精度的影响更大,可能出现的误差更大。

4. 单回路三角形排列双端接地电力电缆

单回路三角形排列电力电缆如图 8-5 所示。每根电力电缆 4 个测量点分布同图 8-4。电力电缆损耗可根据第 2 章给出的方法计算。每根电力电缆 4 个测量点温度和有限元计算的线芯温度如表 8-5 所示。

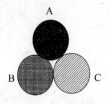

图 8-5 单回路三角形排列电力电缆

表 8-5 单回路三角形排列各点温度

电力电缆	T_1	T_2	T_3	T_4	线芯
电力电缆A	56.7	57.7	58.9	57.7	61.2
电力电缆B	58.5	57.3	57.5	59.0	61.4
电力电缆C	58.5	59.0	57.5	57.3	61.4

电力电缆 A 中的 4 个测温点计算的线芯温度分别为:60.2℃,61.2℃,62.4℃,61.2℃,最高误差为 1.2℃。

电力电缆 B 中的 4 个测温点计算线芯温度分别为:62.0℃,60.8℃,61.0℃,62.5℃,最高误差为 1.1℃。

电力电缆 C 中的 4 个测温点计算线芯温度分别为:62.0℃,62.5℃,61.0℃,60.8℃,最高误差为 1.1℃。

在三角形排列方式下,即使只有一个回路,热点选择不正确,单点测温计算的电力电缆线芯温度可能产生很大的误差。

8.4 基于有限元的电力电缆温度在线监测和载流量实时计算[122,123]

8.4.1 有限元载流量实时计算基本思想

根据第 3 章和第 5 章可知,电力电缆温度场由以下参数决定:

(1) 电力电缆参数:包括电力电缆各层外径和热阻系数;

(2) 电力电缆负荷:电压等级和电流;

(3) 排列方式:"一"字形排列时给出电力电缆间距;

(4) 接地方式:单端接地、双端接地或交叉互连接地;

(5) 地表空气温度;

(6) 电力电缆埋深：土壤直埋时电力电缆线芯距离地面距离；

(7) 土壤深层温度；

(8) 土壤热阻。

当上述各参数已知时，利用有限元可以方便地计算出电力电缆群的温度场，即可以准确计算每根电力电缆线芯导体的温度。

但地表空气温度随季节和天气而变化，土壤受到地表空气和电力电缆发热的影响，会发生水分迁移，从而土壤热阻系数是个变化的量，而且场域内不同点的土壤热阻系数也可能不同，这就造成了电力电缆温度场和载流量计算的误差。

根据上述分析，利用有限元实时计算电力电缆载流量需要测量地表空气温度和电力电缆表面温度。地表空气温度可以利用热电偶进行实时监测。当电力电缆表面温度由分布式光纤监测时，根据场的唯一性定理，将场域内土壤热阻等效为均匀土壤，且土壤热阻系数处处相等，给定负荷电流的电力电缆群温度场可由迭代的方法计算，其计算流程如图 8-6 所示。

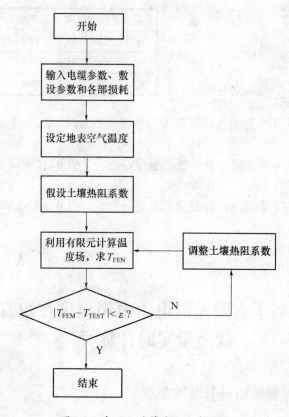

图 8-6　有限元计算导体温度流程

当有限元计算的测量点温度 T_{FEM} 和测量所得温度 T_{TEST} 满足收敛条件时，可以同时求解出电力电缆线芯导体温度和等效土壤热阻系数。

利用解得的等效土壤热阻系数和监测到的地表空气温度，利用有限元可以采用迭代的方法计算出当前状态下的电力电缆载流量，计算方法同第 3 章、第 4 章所述。

8.4.2 土壤直埋电力电缆有限元载流量实时计算

1. 单回路"一"字形排列双端接地电力电缆

电力电缆型号和敷设参数同前，以表 8-3 给定电力电缆 2 点 T_1 温度为基准，通过迭代计算，当电力电缆外部等效为一种介质，且热阻系数为 1.315℃·m/W 时，T_1 温度为 63.42℃，与表 8-3 给定温度误差为 0.02℃，此时的电力电缆 2 线芯导体温度为 67.21℃，与表 8-3 给定的温度的误差为 0.01℃。在给定环境条件，且土壤热阻系数等效为 1.315℃·m/W，利用迭代法可以计算出当前条件下的电力电缆载流量为 628A。

2. 三回路"一"字形排列双端接地电力电缆

电力电缆型号和敷设参数同前面，以表 8-4 给定电力电缆 5 点 T_1 温度为基准，通过迭代计算，当电力电缆外部等效为一种介质，且热阻系数为 1.294℃·m/W 时，T_1 温度为 81.3℃，与表 8-4 给定温度相等，此时的电力电缆 5 线芯导体温度为 85.19℃，与表 8-4 给定的温度的误差为 0.01℃。在给定环境条件，且土壤热阻系数等效为 1.294℃·m/W，利用迭代法可以计算出当前条件下的电力电缆载流量为 512A。

3. 单回路三角形排列双端接地电力电缆

电力电缆型号和敷设参数同前面，以表 8-5 给定电力电缆 1 点 T_1 温度为基准，通过迭代计算，当电力电缆外部等效为一种介质，且热阻系数为 1.4327℃·m/W 时，T_1 温度为 56.9℃，与表 8-5 给定温度误差为 0.2℃，此时的电力电缆 2 线芯导体温度为 61.39℃，与表 8-5 给定的温度的误差为 0.01℃。在给定环境条件，且土壤热阻系数等效为 1.4327℃·m/W，利用迭代法可以计算出当前条件下的电力电缆载流量为 716A。

由此可知，利用有限元通过迭代的方法进行电力电缆线芯温度的在线监测具有比较高的精度。

第9章 电力电缆群温度场和载流量计算软件

在对土壤直埋、排管敷设、隧道敷设和沟槽敷设电力电缆群损耗、温度场和载流量计算方法研究的基础上，本章利用 Visual Basic 6.0 编制了可以计算土壤直埋、排管、隧道和沟槽等敷设方式下的电力电缆群温度场和载流量的计算软件。

基于面向对象开发软件 Visual Basic6.0，集成了图形化编程技术和数据库技术，电力电缆结构、敷设条件等均以图形化的方式显示，具有操作简便、易于使用的特点。

软件中各功能模块如图 9-1 所示。

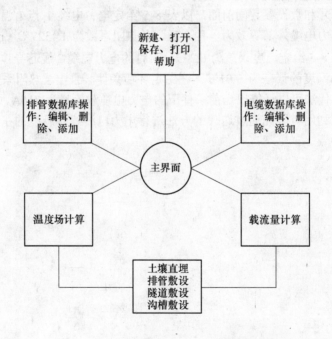

图 9-1 Visual Basic 6.0 中各功能模块

在软件中，单芯电力电缆群的导体损耗、金属屏蔽层损耗采用第 2 章中的 Bessel 函数法计算，三芯电力电缆仍然采用 IEC-60287 给定的方法计算，土壤直埋温度场和载流量采用第 3 章给定的方法计算，排管、隧道、沟槽敷设电力电缆群温度场和载流量采用第 4 章给定的方法计算。

图 9-2 为本软件的主界面，可以通过菜单或按钮的方式进行新建、打开、保存、帮助等工作。

194

图 9-2　主界面

　　在主界面中，点击菜单中的"新建"项或"新建"按钮时，弹出"参数设置或研究项目选择"窗口，如图 9-3 所示。

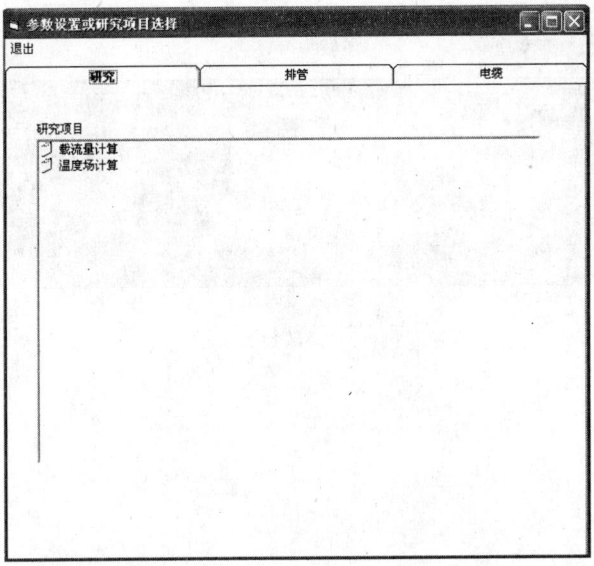

图 9-3　任务选择界面

　　图 9-3 中，可以选择进行"温度场计算"或者"载流量计算"，然后弹出图 9-4 所示窗体，研究内容可在按钮条中显示。

图 9-4 中,点击 6 个图形化按钮分别可以实现 4 种敷设方式的选择以及电力电缆负荷和位置参数的设置。图 9-5 为排管敷设方式示例。

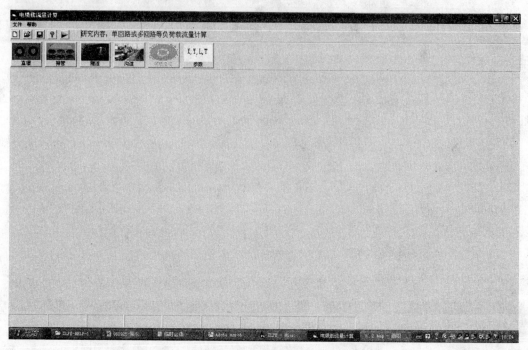

图 9-4　图形化按钮操作界面

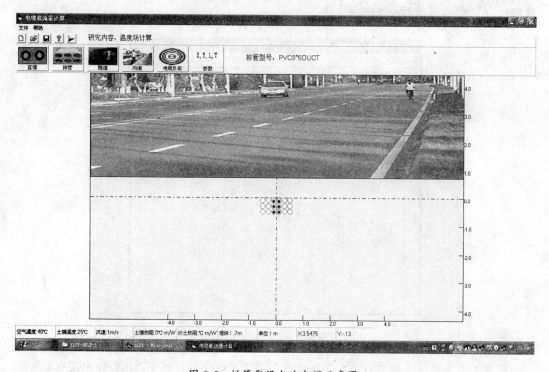

图 9-5　排管敷设电力电缆示意图

图 9-6 显示了电力电缆型号的选择窗体，使用者可以点击本次研究所需要的电力电缆型号，如果列表中没有相应电力电缆或者电力电缆参数不一致，可通过点击"新建"或"编辑"按钮，添加新的电力电缆或编辑选中电力电缆的参数，如图 9-7 所示。

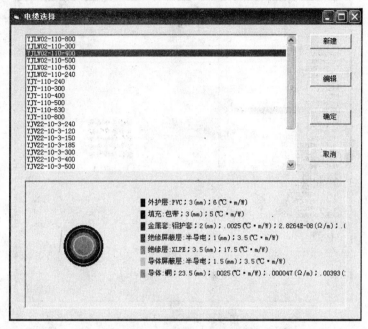

图 9-6　电力电缆选择界面

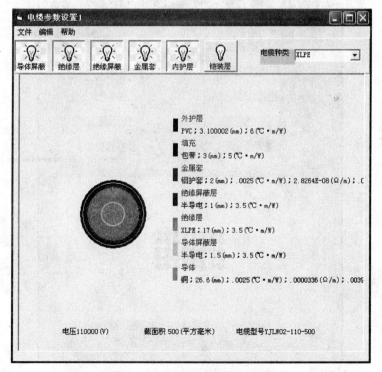

图 9-7　电力电缆参数编辑界面

在图 9-8 中，可以选择研究所用排管型号，如果列表中没有相应型号可点击"添加"或"修改"按钮，进行相应设置，如图 9-9 所示。

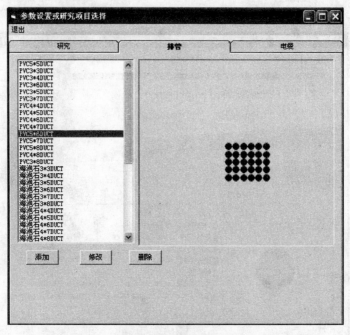

图 9-8　排管选择界面

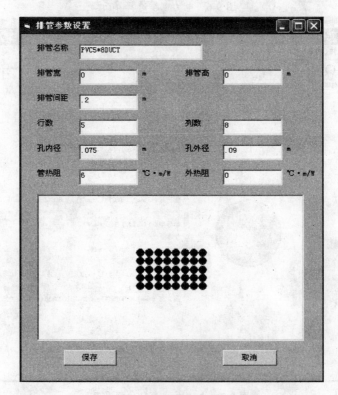

图 9-9　排管参数编辑界面

当温度场或载流量计算完毕后，弹出计算结果窗体，其中显示本次研究的结果。可以点击"打印"按钮打印计算结果，如图 9-10 所示。

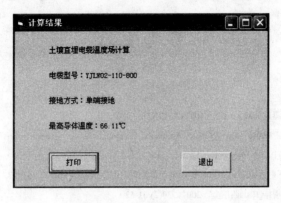

图 9-10　计算结果显示界面

参 考 文 献

[1] 马国栋.电线电力电缆载流量［M］.北京:中国电力出版社，2003.

[2] G.J Anders. Rating of Electric Power Cables-Ampacity Computations for Transmission，Distribution，and Industrial Applications［M］.IEEE Power Engineering Society，1997.

[3] 李熙谋. 不同敷设条件下电力电缆载流量的校正和实用算法[J]. 电力建设，1997，(5):1-7.

[4] 康勇.电力电力电缆防火措施[J].山西冶金，2007，30(2):61-62.

[5] 申德昌，徐瑛.对电力系统电力电缆防火问题的探讨[J].东北电力技术，2001，(1):38-41.

[6] 李刚.防火电线电力电缆性能分析与应用探讨[J].内蒙古石油化工，2007，(7):45-47.

[7] J.H Neher．The Temperature Rise of Buried Cables and Pipes［J］．AIEE Transactions，1949，68:9-16.

[8] J.H Neher．The Transient Temperature Rise of Buried Cable Systems [J]. The Summer General Meeting and Nuclear Radiation Effects Conference，Toronto，Ont.，Canada，June 16-21，1963:102-114.

[9] J.H Neher，M.H.Mcgrath．The Calculation of the Temperature Rise and Load Capacity of Cable Systems [J]. AIEE Summer General Meeting，Montreal，Que.，Canada，June 24-28，1957: 752-772.

[10] IEC 60287-1，Calculation of the Current Rating- Current Rating Equations (100% Load Factor) and Calculation of Losses.2001.

[11] IEC 60287-2，Calculation of the Current Rating- Thermal Resistance. 2001.

[12] IEC 60287-3. Calculation of the Current Rating- Sections on Operating Conditions. 1999.

[13] IEC 60853，Calculation of the Cyclic and Emergency Current Rating of Cables. 1989.

[14] Sally M.Sellers，W.Z.Black. Refinements to the Neher-McGrath Model for Calculating the Ampacity of Underground Cables [J]. IEEE Transactions on Power Delivery，1996，11(1):12-30.

[15] 杨小静.交联电力电缆额定载流量的计算[J].高电压技术，2001，27(104):11-12.

[16] 刘英，贾欣，曹晓珑.高压电力电缆工程计算的软件实现[J].电线电力电缆，2002(1):24-26.

[17] C.B Earle，J.R Thomas，J.B Herbert. Interactive Tutorial for Calculating Cable Ampacity [J].IEEE Computer Applications in Power，1991:31-34.

[18] J.R Anthony. Point-and-Click Cable Ampacity Studies [J].IEEE Computer Applications in Power，1998:53-56.

[19] G.J Anders，M Ali，A.R Jacob. Advanced Computer Programs for Power Cable Ampacity Calculations [J]. IEEE Computer Applications in Power，1990:42-46.

[20] G Carlos，F.O Antonio，G Jose. Theoretical Model to Calculate Steady-State and Transient Ampacity and Temperature in Buried Cables [J]. IEEE Transactions on Power Delivery，2003，18(3):667-678.

[21] T Gen，O Minoru，A Fumio，et al. Temperature Dependence of Tanδ in Polyethylene [J]. Proceedings of the 3rd International Conference on Properties and Applications of Dielectric Materials，July 8-12，1991 Tokyo，Japan:1068-1071.

[22] L Heinhold，R Stubbe. 电力电力电缆及电线[M]. 门汉文，崔国璋，王海译. 北京：中国电力出版社，2001.

[23] M.A Hanna，A.Y Chikhani，M.M.A Salama. Thermal Analysis of Power Cable Systems in a Trench in Multi-Layered Soil [J]. IEEE Transactions on Power Delivery，1998，13(2):304-309.

[24] M.A Hanna，A.Y Chikhani，M.M.A Salama. Thermal Analysis of Power Cables in Multi-Layered Soil Part 1: Theoretical

Model [J]. IEEE Transactions on Power Delivery，1993，8(3):761-771.

[25] M.A Hanna，A.Y Chikhani，M.M.A Salama. Thermal Analysis of Power Cables in Multi-Layered Soil Part 2: Practical Considerations [J]. IEEE Transactions on Power Delivery，1993，8(3):772-778.

[26] M.A Hanna，A.Y Chikhani，M.M.A Salama. Thermal Analysis of Power Cables in Multi-Layered Soil Part 3: Case of Two Cables in a Trench [J]. IEEE Transactions on Power Delivery，1994，9(1):572-578.

[27] G.Anders，J.M Braun，M Vainberg，et al. Rating of Cables in a Nonuniform Thermal Environment [J]. 0-7803-5515-6/99/$10.00©1999 IEEE:83-88.

[28] H.S Radhakrishna，F.Y Chu，S.A Boggs. Thermal Instability and its Prediction in Cable Backfill Soil [J]. IEEE Transactions on Power Apparatus and Systems，1980，PAS-99(3):856-867.

[29] G.J Anders，H.S Radhakrishna. Computation of Temperature Field and Moisture Content in the Vicinity of Current Carrying Underground Power Cables [J].IEE Proceedings，1988，135(1):51-62.

[30] G.J Anders，H.S Radhakrishna. Power Cable Thermal Analysis with Consideration of Heat and Moisture Transfer in the Soil [J]. IEEE Transactions on Power Delivery，1988，3(4):1280-1288.

[31] B Heinrich，G Anders. Ampacity Reduction Factors for Cables Crossing Thermally Unfavorabel Regions[J]. IEEE Transactions on Power Delivery，2001，16(4):444-448.

[32] W.Z Black，W.B Kent，B.L Harshe. Ampacity of Cables in Trays Surrounded with Fire Barrier Material[J]. IEEE Transactions on Power Delivery，1999，14(1):8-17.

[33] V Pascal，R.A Hartlein，W.Z Black. Ampacity Derating Factors for Cables Buried in Short Segments of Conduit [J]. IEEE Transactions on Power Delivery，2005:1-6.

[34] G.J Anders，A Napieralski，Z Kulesza. Calculation of the Internal Thermal Resistance and Ampacity of 3-core Screened Cables with Fillers [J]. IEEE Transactions on Power Delivery，1999，14(3):729-734.

[35] G.J Anders，A.K.T Napieralski，W Zamojski. Calculations of the Internal Thermal Resistance and Ampacity of 3-Core Unscreened Cables with fillers [J]. IEEE Transactions on Power Delivery，1998，13(3):699-705.

[36] L Eduardo，E.H Andres，B Juan. Calculation of Thermal Capacity of Underground Cables in Multi-circuit Systems [J].0-7803-2672-5/95/$4.00©1995 ieee:358-362.

[37] B.L Harshe，W.Z Black. Ampacity of Cables in Single Covered Trays [J]. IEEE Transactions on Power Delivery，1997，12(1):3-14.

[38] H Brakelmann，P Lauter，G Anders. Current Rating of Multicore Cables [J].IAS 2004:2280-2287.

[39] 刘英，王磊，曹晓珑，等.电力电力电缆短期允许负载电流的计算[J].高电压技术，2005，31(11):52-54.

[40] G.J Anders，M.A EI-Kady. Transient Ratings of Buried Power Cables Part1: Historical Perspective and Mathematical Model [J]. IEEE Transactions on Power Delivery，1992，7(4):1724-1734.

[41] P Slaninka，V.T Morgan. External Thermal Resistance of Power Cable in Nonuniform Soil [J].IEE Proceedings-A，1992，139(3):117-124.

[42] 贾欣，曹晓珑，喻明.单芯电力电缆计算及护套环流时载流量的计算[J].高电压技术，2001，27(1):25-27.

[43] 樊友兵，张丽，蒙绍新，等.中低压交联电力电缆集群敷设载流量的计算[J].高电压技术，2005，31(10):59-60.

[44] 赵健康，姜芸，杨黎明，等.中低压交联电力电缆密集敷设载流量试验研究[J].高电压技术，2005，31(10):55-58.

[45] 杨泽亮，侯志云，何杰.封闭空间电力电缆群散热的试验研究[J].华南理工大学学报(自然科学版)，1997，25(6):85-90.

[46] 何文钧，张举位.单芯 XLPE 电力电缆负载试验与铠装结构选型[J].电线电力电缆，2002，(4):22-24.

[47] 李志坚，张东斐，曹慧玲，等.地下埋设电力电缆温度场和载流量的数值计算[J].高电压技术，2004，30(136):27-19.

[48] 王增强，曹慧玲.预埋管地下电力电缆温度场和载流量的数值计算[J].河北工业大学学报，2003，32(3):103-107.

[49] 曹慧玲，王增强，李雯靖，等.坐标组合法对直埋电力电缆与土壤截面温度场的数值计算[J].电工技术学报，2003，

18(3):59-63.

[50] G Gela，J.J Dai. Calculation of Thermal Field of Underground Cables Using the Boundary Element Method [J]. IEEE Transactions on Power Delivery，1988，3(4):1341-1347.

[51] H.J Li. Estimation of Soil Thermal Parameters from Surface Temperature of Underground Cables and Prediction of Cable Rating [J].IEE Proc-Gener.Transm.Distrib，2005，152(6):849-854.

[52] K.M James，N.A Omar. Temperature Distributions Around Buried Cables [J]. IEEE Transactions on Power Apparatus and Systems，1979，PAS-98(4):1158-1166.

[53] I Kocar，A Ertas. Thermal Analysis for Determination of Current Carrying Capacity of PE and XLPE Insulated Power Cables Using Finite Element Method [J]. IEEE Melecon 2004，May 12-15，2004，Dubrovnik，Croatia:905-908.

[54] J Nahman，M Tanaskovic. Determination of the Current Carrying Capacity of Cables Using the Finite Element Method [J]. Electric Power System Research 61(2002):109-117.

[55] C.C Hwang，J.J Chang，H.Y Chen. Calculation of Ampacities for Cables in Trays Using Finite Elements [J]. Electric Power Systems Research 54(2000):75-81.

[56] G.J Anders，E Dorison. Derating Factor for Cable Crossings with Consideration of Longitudinal Heat Flow in Cable Screen [J]. IEEE Transactions on Power Delivery，2004，19(3):926-932.

[57] H Brakelmann，G Anders. Increasing Ampacity of Cables by An Application of Ventilated Pipes [J].IAS 2004:2288-2295.

[58] A.W Jay，D Parmar，W.C Mark. Controlled Backfill Optimization to Achieve High Ampacities on Transmission Cables [J]. IEEE Transactions on Power Delivery，1994，9(1):544-552.

[59] I.A John，F.B Anton. The Thermal Behavior of Cable Backfill Materials [J]. IEEE Transactions on Power Apparatus and Systems，1968，PAS-87(4):1149-1161.

[60] G.J Anders，H Brakelmann. Improvement in Cable Rating Calculations by Consideration of Dependence of Losses on Temperature [J]. IEEE Transactions on Power Delivery，2004，19(3):919-925

[61] 王晓兵，蚁泽佩.管道内填充介质提高电力电缆载流量的研究[J].高电压技术，2005，31(1):79-90.

[62] 牛海清，王晓兵，蚁泽沛等.110kV 单芯电力电缆金属护套环流计算与试验研究[J].高电压技术，2005，31(8):15-17.

[63] 韩晓鹏，李华春，周作春. 同相两根并联大截面交联电力电缆敷设方式的探讨[J].高电压技术，2005，31(11):66-67.

[64] D.H Zhou,R.M Jose. Skin Effect Calculations on Pipe-Type Cables Using a Linear Current Subconductor Technique [J]. IEEE Transactions on Power Delivery，1994，9(1):598-605.

[65] K.A Petty. Calculation of Current Division in Parallel Single-Conductor Power Cables for Generating Station Applications [J]. IEEE Transactions on Power Delivery，1991，6(2):479-487.

[66] Y Du，J Burnett. Current Distribution in Single-core Cables Connected in Parallel [J]. IEE Proc-Gener.Transm.Distrib，2001，148(5):406-412.

[67] K Ferkal，M Poloujadoff，E Dorison. Proximity Effect and Eddy Current Losses in Insulated Cables [J]. IEEE Transactions on Power Delivery，1996，11(3):1171-1178.

[68] D Labridis，P Dokopoulos. Finite Element Computation of Eddy Current Losses in Nonlinear Ferromagnetic Sheaths of Three-Phase Power Cables [J]. IEEE Transactions on Power Delivery，1992，7(3):1060-1067.

[69] D Labridis，V Hatziathanassiou. Finite Element Computation of Field，Forces and Inductances in Underground SF6 Insulated Cables Using a Coupled Magneto-Thermal Formulation [J]. IEEE Transactions on Magnetics，1994，30(4):1407-1415.

[70] G.J Anders，H Brakelmam. Improvement in Cable Rating Calculations by Consideration of Dependence of Losses on Temperature [J].IEEE Trans. Power and Delivery，2004，19(3):919-925.

[71] D Carstea，I Carstea，A Carstea. Numerical Simulation of Coupled Electromagnetic and Thermal Fields in Cable Terminations [J]. TELSIKS，2005:475-478.

[72] D Carstea，I Carstea，A Carstea. Numerical Simulation of Coupled Electromagnetic and Thermal Fields in Two-Bars Line [J]. TELSIKS，2005:311-314.

[73] S.W Kim，H.H Kim，S.C Hahn，et al. Coupled Finite-Element-Analytic Technique for Prediction of Temperature Rise in Power Apparatus [J]. IEEE Transactions on Magnetics，2002，38(2):921-924.

[74] 陈军，李永丽.应用于高压电力电缆的光线分布式温度传感新技术[J].电力系统及其自动化学报，2005，17(3):47-50.

[75] 赵建华，袁宏永，范维澄.基于表面温度场的电力电缆线芯温度在线诊断研究[J].中国电机工程学报，1999，19(1):52-55.

[76] 高自伟，魏新芳，陈庆国. 电力电力电缆在线载流量预测报警系统的开发研究[J].黑龙江电力，2005，27(2):96-99，107.

[77] 刘毅刚，罗俊华.电力电缆导体温度实时计算的数学方法[J].高电压技术，2005，31(5):52-54.

[78] S Nakamura，S Morooka，K Kawasaki. Conductor Temperature Monitoring System in Underground Power Transmission XLPE Cable Joints [J]. IEEE Transactions on Power Delivery，1992，7(4):1688-1697.

[79] A.W Jay，J.H Cooper，T.J Rodenbaugh, et al. Increasing Cable Rating by Distributed Fiber Optic Temperature Monitoring and Ampacity Analysis [J]. 0-7803-5515-6/99/$10.00 © 1999 IEEE:128-134.

[80] 盛剑霓.工程电磁场数值分析.西安:西安交通大学出版社，1991.

[81] 梁永春，柴进爱，李彦明，等.有限元法计算交联电力电缆涡流损耗[J].高电压技术，2007，33(9):196-199.

[82] 梁永春，孟凡凤，王正刚，等.电力电缆群邻近效应的计算和优化排列[J].电工电能新技术，2006，25(2):39-41.

[83] 郑肇骥，王明.高压电力电缆线路.北京:水力电力出版社，1983.

[84] T Imai. Exact Equations for Calculation of Sheath Proximity Loss of Single-conductor Cables [J]. Proceeding of IEEE，1968，56(7): 1172.

[85] 梁永春，柴进爱，李延沐，等.基于 FEM 的同相并联大截面三相电力电缆电流分布的研究[J].高压电器，2007，43(3):186~188.

[86] Liang Yongchun.Reduction of eddy current losses in power cable systems based on phase optimization[C].APPEC2010.

[87] J.K Mitchell，O.N Abdel-Hadi. Temperature Distribution Around Buried Cables [J]. IEEE Transactions on Power Apparatus and Systems，1979，PAS-98(4): 1158-1166.

[88] C.C Hwang. Calculation of Thermal Fields of Underground Cable Systems with Consideration of Structural Steels Constructed in a Duct Bank [J]. IEE Proceedings Generation，Transmission and Distribution，1997，144(6):541-545.

[89] 杨世铭.传热学基础 [M].北京:高等教育出版社，2003.

[90] 陶文铨.数值传热学 [M](第二版).西安:西安交通大学出版社，2001.

[91] 孔祥谦.有限单元法在传热学中的应用(第三版)[M].北京:科学出版社，1998.

[92] 梁永春,李彦明,柴进爱,等.地下电力电缆群稳态温度场和载流量计算新方法[J].电工技术学报,2007,22(8):185~190(EI: 073810818390).

[93] 梁永春，孟凡凤，王正刚，等.电力电缆直埋电力电缆群额定载流量计算[J].高压电器，2006，42(4):244~246(EI: 063910136344).

[94] 孟凡凤，梁永春，李彦明，等.地下直埋电力电缆温度场和载流量的数值计算[J].绝缘材料，2006，39(4): 59-64.

[95] 梁永春，李彦明，李延沐，等. 地下电力电缆群暂态温度场和短时载流量数值计算方法的研究[J]. 电工技术学报，2009，24(8):34-38(EI: 20093712302219).

[96] 印永福.电线电力电缆手册(第3册). 北京:机械工业出版社，2001.

[97] 张济明，菜崇喜，章克本，等.计算流体力学[M].广州: 中山大学出版社，1991.

[98] 朱仁庆，杨松林，杨大明.实验流体力学[M].北京: 国防工业出版社，2005.

[99] 梁永春. 排管敷设电力电缆群温度场和载流量数值计算[J]. 高电压技术，2010，36(3): 763-768.

[100] Liang Yongchun. Termal analysis of cables in ducts using supg finite element method[C]. 2010 IEEE industry application annual meeting.

[101] 梁永春，闫彩红，赵静，等.排管敷设电力电缆群暂态温度场和短时载流量数值计算[J].高电压技术，2011(4).

[102] 梁永春，王巧玲，闫彩红，等.三维有限元在局部穿管直埋电力电缆温度场和载流量计算中的应用[J].高电压技术(已录用).

[103] N.H Malik. A Review of the Charge Simulation Method and its Application [J]. IEEE Transactions on Electrical Insulation，1989，24(21):3-20.

[104] G.D Zhou，Y.F Shen. A New Method to Calculate the Temperature Field-Virtual Heat Source [J]. Mechanics and Practice，1993，15(5):49-53.

[105] 梁永春，李延沐，李彦明，等.利用模拟热荷法计算地下电力电缆稳态温度场[J].中国电机工程学报，2008，28(16):129-134.

[106] Heverlee. Coupled Electromagnetic-Thermal Problems in Electrical Energy Transducer[D]. KATHOLIEKE UNIVERSITEIT LEUVEN，2000.

[107] Yongchun Liang，Yanming Li. Coupled Electromagnetic-Thermal Analysis of Power Cables[C]. ICEMS 2008，wuhan，(10):198.

[108] 中国主要大城市12个月平均温度.http://www.zshyqx.com/qxzl/csqw.html.

[109] 张富仓，张一平，张君常.温度对土壤水分保持影响的研究[J].土壤学报，1997，34(2):160-169.

[110] 王铁行，陆海红.温度影响下的非饱和黄土水分迁移问题探讨[J].岩土力学，2004，25(7):1081-1084.

[111] 刘炳成，刘伟，李庆领.温度效应对非饱和土壤中湿分迁移影响的实验[J].华中科技大学学报(自然科学版)，2006，34(4):106-108.

[112] G.J Anders，H.S Radhakrishna. Computation of Temperature Field and Moisture Content in the Vicinity of Current Carrying Underground Power Cables[J]. IEE Proceedings ，1988，135(1):51-62.

[113] 王铁行，刘自成，卢靖.黄土导热系数与比热容的试验研究[J].岩土力学，2007，28(4)：654－657.

[114] E Bahar，J.D Saylor. A Feasibility Study to Monitor Soil Moisture Content Using Microwave Signals [J]. IEEE Transactions on Microwave Theory and Techniques，1983，MTT-31(7):533-541.

[115] M.G Stewart，W.H Siew，L.C Campbell，et al. Sensor System for Monitoring Soil Moisture Content in Cable Trenches of High-Voltage Cables [J]. IEEE Transactions on Power Delivery，2004，19(2):451-455.

[116] D.A Douglass，A.A Edris. Real-Time Monitoring and Dynamic Thermal Rating of Power Transmission Circuits [J]. IEEE Transactions on Power Delivery，1996，11(3):1407-1418.

[117] G.G Karady，C.V Nunez，R Raghavan. The Feasibility of Magnetic Field Reduction by Phase Relationship Optimization [J]. IEEE Transactions on Power Delivery，1998，13(2):647-654.

[118] S.H Jeong，D.K Kim，S.B Choi，et al. Development of the Real-Time Soil Thermal Property Analyzer Using CDMA [J].0-7803-7459-2/02/$17.00© 2002 IEEE:2198-2201.

[119] 梁永春，柴进爱，李彦明，等.基于 FEM 的直埋电力电缆载流量与外部环境关系的计算 [J].电工电能新技术，2007，26(4):10-13.

[120] H.J Li，K.C Tan，Qi Su. Assessment of Underground Cable Ratings Based on Distributed Temperature Sensing [J]. IEEE Transactions on Power Delivery，2006，21(4):1763-1769.

[121] Yongchun Liang，Qingrui Liu，Huiqin Sun，et. Cable load dynamic adjustment based on surface temperature and thermal circuit model [C]. CMD2008，Beijing，2008，705-708(EI：083911584953).

[122] Y.C.Liang，Y.M.Li. On-line Dynamic Cable Rating for Underground Cables Based on DTS and FEM [J]. WSEAS Transactions on Circuit and Systems，2008，7(4):229～238(EI：083311456696).

[123] Liang Yongchun. Ampacity Online-Evaluation of Underground Cables Based on FEM and Environment Conditions[C].ACED2010.